高等职业教育机电类专业新形态教材

# SOLIDWORKS 工业机器人数字化建模教程

主　编　李劼科　陈　露　曾志文
副主编　钟荣林　周　文　周渝明
参　编　钟宝华　李　琼　曾东华　陈彩珠　黄媛婷
主　审　刘　哲

机械工业出版社

本书基于 SOLIDWORKS2020 计算机辅助设计软件，以工业机器人机械手臂零部件为载体，介绍了工业机器人的数字化设计、工程图的创建和模拟仿真。本书按照学生对事物的认知和学习规律编排了教学内容。本书共 12 个项目，分别为轨迹练习夹具数字化设计、校准工具数字化设计、底盘法兰盖数字化设计、大手臂数字化设计、底盘旋转蜗杆数字化设计、底座数字化设计、夹头指尖数字化设计、机械手臂曲面建模设计、关节装配体数字化设计、工业机器人手腕直齿轮数字化设计、轨迹练习夹具工程图生成和关节装配体工程图数字化设计。

本书每个项目末尾附有练习题，供学生思考和练习；配有实操视频，扫描书中二维码即可观看。本书还配有电子课件、电子教案、模型源文件等配套资源，凡使用本书作为教材的教师，可登录机械工业出版社教育服务网（http://www.cmpedu.com），注册后免费下载，咨询电话：010-88379375。

本书可作为高职高专院校、成人高校、民办高校等机械制造类专业的教学用书，也可供相关工程技术人员参考。

### 图书在版编目（CIP）数据

SOLIDWORKS 工业机器人数字化建模教程/李劼科，陈露，曾志文主编．—北京：机械工业出版社，2023.1（2025.2 重印）
高等职业教育机电类专业新形态教材
ISBN 978-7-111-72073-7

Ⅰ．①S… Ⅱ．①李… ②陈… ③曾… Ⅲ．①工业机器人-计算机辅助设计-应用软件-高等职业教育-教材 Ⅳ．①TP242.2

中国版本图书馆 CIP 数据核字（2022）第 217335 号

机械工业出版社（北京市百万庄大街 22 号　邮政编码 100037）
策划编辑：陈　宾　　　　责任编辑：王英杰
责任校对：樊钟英　贾立萍　封面设计：马若漾
责任印制：常天培
北京机工印刷厂有限公司印刷
2025 年 2 月第 1 版第 4 次印刷
184mm×260mm・12.75 印张・310 千字
标准书号：ISBN 978-7-111-72073-7
定价：42.00 元

电话服务　　　　　　　　　网络服务
客服电话：010-88361066　　机　工　官　网：www.cmpbook.com
　　　　　010-88379833　　机　工　官　博：weibo.com/cmp1952
　　　　　010-68326294　　金　书　网：www.golden-book.com
封底无防伪标均为盗版　　　机工教育服务网：www.cmpedu.com

# 前　言

　　本书基于SOLIDWORKS2020计算机辅助设计软件,介绍了工业机器人手臂零部件的数字化设计、工程图的创建和模拟仿真;同时根据实例模型的特征需要,进行必要的修改以帮助学生熟练操作软件;以工业机器人为载体,介绍了机械产品设计的相关知识,符合高职人才培养目标。

　　本书具有以下特色:

　　1. 内容载体的选择具有整体性和系统性

　　从具体的工业机器人手臂上选取零件,并根据特征的需要进行适当修改,使模型的建立具有延续性和完整性。为使学生更加全面地掌握软件的应用,配有实用而必要的拓展项目。

　　2. 基于项目的体例满足高职学生的认知规律

　　通过具体项目进行建模,将相关知识点与技能点融入项目的实施过程中,注重培养学生的综合素质和实际应用能力。

　　3. 文字编排清晰、合理,讲解简洁、实用

　　通过每个项目的学习目标,可以非常清晰地了解要学习的内容。对于相关特征的使用方法,根据建模需要进行简洁、直观介绍。

　　4. 配套资源丰富,满足教学要求

　　注重配套资源的开发,本书配有电子课件、电子教案、视频、模型源文件等教学资源,力求为教学工作构建更加完善的辅助平台。

　　本书由李勐科、陈露、曾志文担任主编,由刘哲担任主审。本书项目五、项目六、项目八、项目十一由李勐科编写,项目七、项目九、项目十、项目十二由陈露编写,项目一由曾志文、李琼编写,项目三由周文、钟宝华编写,项目二由钟荣林、陈彩珠编写,项目四由周渝明、曾东华、黄嫒婷编写。

　　由于编者水平有限,书中难免有错误与不当之处,恳请广大读者批评指正。

编　者

# 二维码索引

| 名称 | 图形 | 页码 | 名称 | 图形 | 页码 |
| --- | --- | --- | --- | --- | --- |
| 项目一 任务一 | | 8 | 项目三 任务一、二 | | 46 |
| 项目一 任务二、三 | | 11 | 项目三 任务三、四 | | 49 |
| 项目一 任务四、五 | | 20 | 项目三 任务五 | | 53 |
| 项目二 任务一 | | 32 | 项目四 任务一 | | 60 |
| 项目二 任务二 | | 33 | 项目四 任务二 | | 61 |
| 项目二 任务三 | | 34 | 项目四 任务三 | | 64 |
| 项目二 任务四 | | 35 | 项目四 任务四 | | 67 |

（续）

| 名称 | 图形 | 页码 | 名称 | 图形 | 页码 |
| --- | --- | --- | --- | --- | --- |
| 项目四<br>任务五 | | 68 | 项目八<br>任务一 | | 125 |
| 项目五<br>任务一~三 | | 79 | 项目八<br>任务二 | | 126 |
| 项目五<br>任务四~六 | | 82 | 项目八<br>任务三 | | 127 |
| 项目五<br>任务七、八 | | 89 | 项目八<br>任务四 | | 128 |
| 项目六<br>任务一~三 | | 96 | 项目八<br>任务五 | | 129 |
| 项目六<br>任务四、五 | | 99 | 项目八<br>任务六 | | 130 |
| 项目六<br>任务六、七 | | 104 | 项目八<br>任务七 | | 131 |
| 项目七<br>任务一 | | 111 | 项目八<br>任务八 | | 131 |
| 项目七<br>任务二 | | 113 | 项目八<br>任务九 | | 132 |
| 项目七<br>任务三 | | 114 | 项目八<br>任务十 | | 134 |

（续）

| 名称 | 图形 | 页码 | 名称 | 图形 | 页码 |
| --- | --- | --- | --- | --- | --- |
| 项目九 任务一 | | 142 | 项目十一 任务一 | | 170 |
| 项目九 任务二 | | 146 | 项目十一 任务二 | | 174 |
| 项目九 任务三 | | 148 | 项目十一 任务三 | | 174 |
| 项目九 任务四 | | 149 | 项目十一 任务四 | | 176 |
| 项目九 任务五 | | 150 | 项目十一 任务五 | | 179 |
| 项目九 任务六 | | 151 | 项目十二 任务一 | | 184 |
| 项目十 任务一 | | 160 | 项目十二 任务二 | | 186 |
| 项目十 任务二 | | 161 | 项目十二 任务三 | | 187 |
| 项目十 任务三 | | 164 | 项目十二 任务四 | | 188 |

# 目 录

前言
二维码索引
简介 ························································ 1
  任务一　启动软件与界面介绍 ············· 1
  任务二　工作环境与单位设置 ············· 3
项目一　轨迹练习夹具数字化设计 ········ 7
  任务一　基本体的生成 ························ 8
  任务二　拉伸切除轨迹部分 ················ 11
  任务三　拉伸切除生成中间的不通孔 ···· 19
  任务四　拉伸切除生成沉头孔 ············ 20
  任务五　创建圆角特征 ······················ 23
  练习题 ················································ 29
项目二　校准工具数字化设计 ··············· 31
  任务一　草图绘制 ······························ 32
  任务二　生成三维实体 ······················ 33
  任务三　生成校准工具实体 ················ 34
  任务四　利用参数化方程建模 ············ 35
  练习题 ················································ 44
项目三　底盘法兰盖数字化设计 ············ 45
  任务一　绘制长方体 ·························· 46
  任务二　拉伸切除中间的圆和四个角 ···· 47
  任务三　拉伸切除直径 8mm 的孔并阵列 ···· 49
  任务四　沉孔特征建模 ······················ 52
  任务五　雕刻 ····································· 53
  练习题 ················································ 57
项目四　大手臂数字化设计 ···················· 59
  任务一　创建拉伸基体 ······················ 60
  任务二　放样凸台生成连接板 ············ 61
  任务三　创建其他对称特征 ················ 64
  任务四　创建镜像实体 ······················ 67
  任务五　完善模型其他特征 ················ 68
  练习题 ················································ 76
项目五　底盘旋转蜗杆数字化设计 ········ 78
  任务一　旋转凸台生成基本体 ············ 79
  任务二　创建基准面 ·························· 80
  任务三　创建螺旋线 ·························· 81
  任务四　扫描切除生成螺纹 ················ 82
  任务五　拉伸生成左侧阶梯轴 ············ 84
  任务六　拉伸生成右侧阶梯轴 ············ 87
  任务七　生成左端槽 ·························· 89
  任务八　底盘螺旋蜗杆倒角 ················ 90
  练习题 ················································ 94
项目六　底座数字化设计 ························· 95
  任务一　基本体的生成 ······················ 96
  任务二　抽壳 ····································· 97
  任务三　拉伸切除生成椭圆孔 ············ 97
  任务四　放样切除生成抛物线凹槽 ······ 99
  任务五　创建底面的孔 ······················ 102
  任务六　创建顶板拉伸体 ··················· 104
  任务七　创建顶板小孔 ······················ 104
  练习题 ················································ 108
项目七　夹头指尖数字化设计 ··············· 110
  任务一　使用组合命令创建模型中间
            部位 ······································· 111
  任务二　生成模型上部实体 ················ 113
  任务三　生成模型下部实体 ················ 114
  练习题 ················································ 122
项目八　机械手臂曲面建模设计 ············ 124
  任务一　创建"曲面-基准面 1" ·········· 125
  任务二　创建"基准面 1" ··················· 126

任务三　创建"曲面—基准面2"……127
　　任务四　放样生成封闭区域……128
　　任务五　缝合曲面……129
　　任务六　曲面加厚生成实体……130
　　任务七　创建"基准面2"……131
　　任务八　倒圆角……131
　　任务九　旋转凸台……132
　　任务十　拉伸-切除……134
　　练习题……140

**项目九　关节装配体数字化设计**……141
　　任务一　创建箱体底部座体部件的装配……142
　　任务二　创建驱动臂座与大手臂的装配……146
　　任务三　完成关节上其他零部件的装配……148
　　任务四　整体装配……149
　　任务五　完成装配体爆炸视图……150
　　任务六　生成装配体爆炸视图动画……151
　　练习题……158

**项目十　工业机器人手腕直齿轮数字化设计**……159
　　任务一　创建圆柱直齿轮……160

　　任务二　创建齿轮装配……161
　　任务三　齿轮运动模拟……164
　　练习题……168

**项目十一　轨迹练习夹具工程图生成**……169
　　任务一　设置工程图图纸格式……170
　　任务二　生成主视图……174
　　任务三　生成剖视图……174
　　任务四　尺寸标注……176
　　任务五　技术要求的标注……179
　　练习题……183

**项目十二　关节装配体工程图数字化设计**……184
　　任务一　生成关节装配图……184
　　任务二　标注必要的尺寸……186
　　任务三　添加零件序号……187
　　任务四　添加材料明细栏……188
　　练习题……192

**参考文献**……193

# 简 介

## 任务一 启动软件与界面介绍

### 1. 启动 SOLIDWORKS2020

启动 SOLIDWORKS2020 的方法如下：

- 双击 SOLIDWORKS 快捷方式 。
- 单击【开始】→【所有程序】→【SOLIDWORKS2020】按钮。

### 2. 新建文件

新建的文件类型有三种，分别为零件、装配体和工程图，新建文件方法如下：

- 启动 SOLIDWORKS 后，系统自动弹出【欢迎使用】对话框，如图 0-1 所示。在【主页】选项卡中的【新建】一栏中单击要新建的文件类型。
- 单击【文件】→【新建】按钮，弹出【新建 SOLIDWORKS 文件】对话框，如图 0-2 所示。
- 单击【标准】工具栏中的【新建】按钮 。

SOLIDWORKS2020 新增了【欢迎使用】对话框。通过此对话框可以方便快捷地实现如下操作：

- 在【主页】选项卡中可以新建或打开零件、装配体和工程图的文件。
- 在【主页】选项卡中可以打开最近使用过的文件。
- 在【主页】选项卡中可以浏览最近的文件夹。
- 在【登录】中可以用客户的账号进行云操作等。
- 在【学习】选项卡中可以学习 SOLIDWORKS 提供的教程、视频等。

### 3. 界面介绍

选择新建零件，进入【零件】工作环境，主要的功能区域如图 0-3 所示。

图 0-1 【欢迎使用】对话框

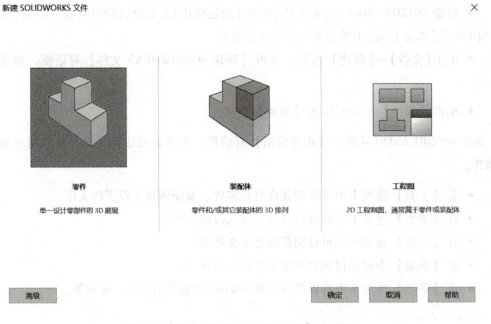

图 0-2 【新建 SOLIDWORKS 文件】对话框

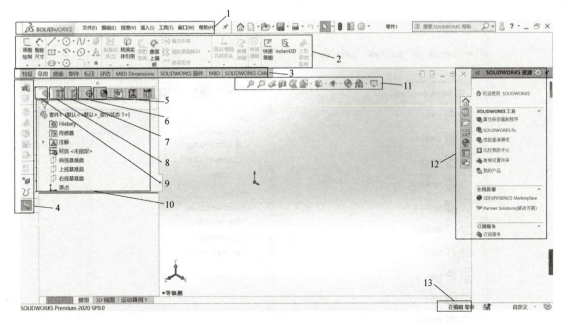

图0-3 【零件】工作环境

1——菜单栏 2——命令栏 3——选项卡 4——工具栏 5——外观管理 6——尺寸专家 7——配置管理
8——属性管理 9——设计树管理 10——设计树 11——前导视图工具栏 12——任务窗口 13——状态栏

## 任务二 工作环境与单位设置

要熟练地使用SOLIDWORKS软件，必须先认识软件的工作环境，然后设置适合自己使用的工作环境，这样可以使设计更加便捷。

### 1. 设置工具栏

SOLIDWORKS有很多工具栏，系统默认显示的是比较常用的工具栏，由于图形区的限制，不能显示所有的工具栏。在建模过程中，用户可以根据需要显示或者隐藏部分工具栏，其设置方法有两种。

（1）利用鼠标右键设置工具栏 在工具栏区域单击鼠标右键，系统会出现【工具栏】快捷菜单，如图0-4所示。单击需要的工具栏，前面复选框的颜色会加深，则图形区中将会显示选择的工具栏；如果单击已经显示的工具栏，前面复选框的颜色会变浅，则图形区中将会隐藏选择的工具栏。

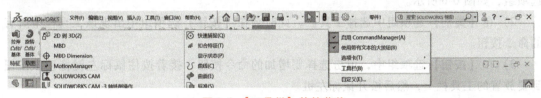

图0-4 【工具栏】快捷菜单

（2）利用菜单命令设置工具栏 通过如下步骤操作，弹出图0-5所示的【自定义】对话框。

图 0-5 【自定义】对话框中的【工具栏】选项卡

- 在菜单栏中单击【工具】→【自定义】按钮。
- 在工具栏区域单击鼠标右键，在弹出的快捷键菜中单击【自定义】按钮。

在【工具栏】选项卡的复选框中单击勾选所需要用到的工具栏。如果要隐藏已经显示的工具栏，则取消勾选工具栏复选框。

**2. 设置工具栏命令按钮**

系统默认工具栏中，并没有包括平时所用的所有命令按钮，用户可以根据自己的需要添加或者删除命令按钮。设置工具栏中命令按钮的操作步骤如下。

1）在图 0-5 所示的对话框中，单击【命令】选项卡，出现【类别】选项组和【按钮】选项组，如图 0-6 所示。

2）在【类别】选项组中选择工具栏，此时会在【按钮】选项组中出现该工具栏中所有的命令按钮。

3）在【按钮】选项组中，单击选择要增加的命令按钮，接着按住鼠标左键拖动该按钮到要放置的工具栏上，然后松开鼠标左键。

4）单击对话框中的【确定】按钮，则工具栏上会显示添加的命令按钮。

如果要删除无用的命令按钮，则只要打开【自定义】对话框的【命令】选项卡，然后将要删除的按钮用鼠标左键拖动到图形区，即可删除该工具栏中的对应命令按钮。

图 0-6 【自定义】对话框中的【命令】选项卡

### 3. 设置单位

在三维实体建模前，需要设置好系统的单位，系统默认的单位为［MMGS（毫米、克、秒）］，可以使用自定义的方式设置其他类型的［单位系统］。下面以修改长度单位的小数位数为例，说明设置单位的操作步骤：

1）单击菜单栏中的【工具】→【选项】按钮。

2）弹出【系统选项】对话框，单击该对话框中的【文档属性】选项卡，然后在左侧列表框中选择【单位】选项卡，如图 0-7 所示。

3）设置【单位系统】为［MMGS（毫米、克、秒）］；在【小数】一栏中设置小数位数。

4）单击【文档属性】对话框中的【确定】按钮，完成单位设置。

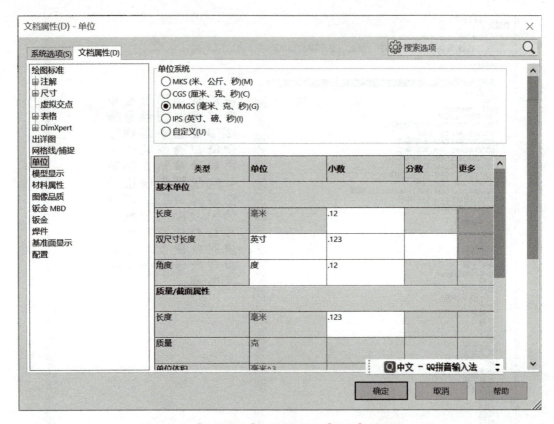

图 0-7 【文档属性】对话框中的【单位】选项卡

# 项目一　轨迹练习夹具数字化设计

### 学习目标

1) 了解用特征进行建模的思路和结构分析。
2) 熟悉添加几何关系、拉伸特征、拉伸-切除特征、圆角特征。
3) 掌握参数化草图绘制方法。

### 项目引入

本项目要求完成轨迹练习夹具的三维数字化设计。轨迹练习夹具是用来练习校准、用示教器及离线编程等做轨迹练习的夹具,是学习工业机器人的基本夹具,如图 1-1 所示。

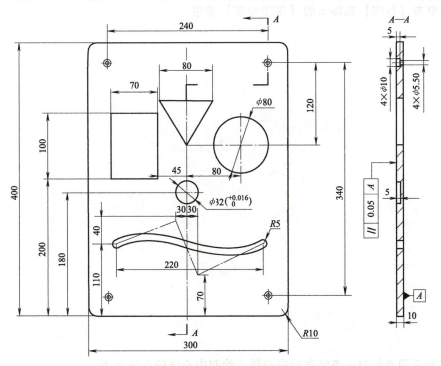

图 1-1　轨迹练习夹具

### 项目分析

轨迹练习夹具的外形是长方形或由其他规则的草图拉伸而来,其中的凹槽、圆孔和样条曲面的槽可用拉伸切除的方法创建。其后,分别对模型棱角进行圆角处理,使其光滑,从而完成轨迹练习夹具的三维数字化设计。

### 项目实施

本项目由基本体的生成、拉伸切除和创建圆角等任务组成,具体的任务如下。

## 任务一　基本体的生成

项目一
任务一

### 一、进入草绘环境

#### 1. 新建文件并命名

按简介中介绍的方法新建零件文件,单击菜单栏中的【保存】按钮 。命名为"轨迹练习夹具"。

#### 2. 确定草图基准面

此时图形区显示系统默认的基准面,如图1-2所示。选择【前视基准面】,进入草绘环境。进入草绘环境的方法如下:

- 在菜单栏中单击【插入】→【草图绘制】按钮。
- 单击【草图】选项卡的【草图绘制】按钮 。

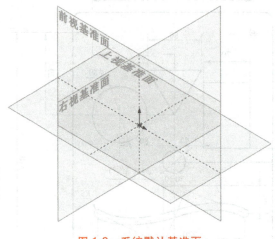

图1-2　系统默认基准面

### 二、绘制中心线和矩形

#### 1. 绘制中心线

过坐标系原点绘制一条竖直的中心线。绘制中心线的方法如下:

- 在菜单栏中单击【工具】→【草图绘制实体】→【中心线】按钮。
- 单击【草图】选项卡/工具栏中【直线】按钮右侧的下三角按钮，在弹出的下拉列表中选择 。

### 2. 绘制矩形

绘制图 1-3 所示的矩形。绘制矩形的方法如下：

- 在菜单栏中单击【工具】→【草图绘制实体】→【边角矩形】按钮。
- 单击【草图】选项卡/工具栏中【边角矩形】按钮右侧的下三角按钮，在弹出的下拉列表中选择 。

### 3. 标注矩形长度和宽度

单击竖直边线，弹出【修改】对话框，输入数值"400"。用同样的方法标注水平边线为"300"，如图 1-4 所示。标注尺寸的方法如下：

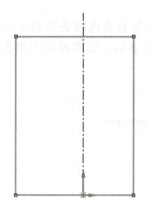
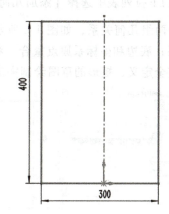

图 1-3 绘制草图中心线和矩形　　　　图 1-4 标注矩形尺寸

- 在菜单栏中单击【工具】→【尺寸】→【智能尺寸】按钮。
- 单击【草图】选项卡/工具栏中【智能尺寸】按钮右侧的下三角按钮，在弹出的下拉列表中选择 。

### 4. 完全定义草图

标注完尺寸后矩形的线条为蓝色，说明矩形欠定义。草图中的几何图形有三种常见的状态，默认状态下，系统分别以黄、蓝、黑三种不同的颜色显示以便于识别。欠定义和过定义的情况如图 1-5 所示。

草图的状态：

（1）欠定义　不确定的定义状态。

（2）完全定义　草图具有完整的信息。

（3）过定义　草图具有重复的尺寸或互相冲突的约束。

（4）没有找到解　系统无法依据草图元素的尺寸或约束得到合理的解。

（5）悬空　找不到原来的参考。

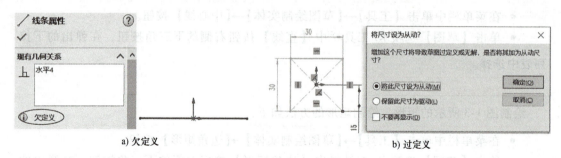

图 1-5　草图的欠定义和过定义

草图欠定义需要添加几何关系，添加几何关系方法如下：

- 在菜单栏中单击【工具】→【关系】→【添加】按钮。
- 单击【草图】选项卡/工具栏的【显示/删除几何关系】按钮右侧的下三角按钮，在弹出的下拉列表中选择【添加几何关系】按钮 ⊥。

添加两组几何关系，如图 1-6 所示。两组几何关系为竖直方向两条边和中心线的【对称】关系；底边和坐标系原点重合。添加完这两组几何关系后，图形显示为黑色，表示此草图为完全定义，矩形的草图绘制完成。

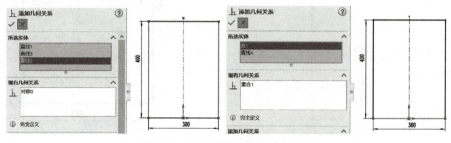

图 1-6　添加矩形的两组几何关系

### 三、退出草绘环境

单击图形区右上角的按钮 ⊥，退出草绘环境。此时，设计树（FeatureManager）中显示已完成的"草图 1"的名称，如图 1-7 所示。

图 1-7　设计树中的"草图 1"

### 四、拉伸生成基本体

选择设计树 中的"草图1",对草图进行拉伸,拉伸方法如下:

- 在菜单栏中单击【插入】→【凸台/基体】→【拉伸】按钮。
- 单击【特征】选项卡/工具栏中的【拉伸凸台/基体】按钮 。

出现【凸台-拉伸】对话框,参数设置如图1-8所示,设置完毕后,单击【确定】按钮 ,生成轨迹练习夹具的基本体,如图1-9所示。

图1-8 【凸台-拉伸】对话框

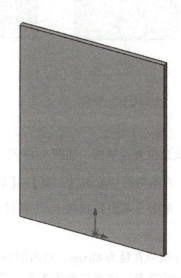

图1-9 生成基本体

## 任务二  拉伸切除轨迹部分

项目一
任务二、三

### 一、绘制矩形草图

**1. 确定草绘平面**

在生成的基本体上,选择上表面,单击【正视于】按钮 ,单击【草图】选项卡的【草图绘制】按钮 。

**2. 绘制中心线**

绘制图1-10所示中心线。

**3. 绘制一个矩形**

绘制图1-11所示矩形。

**4. 标注尺寸**

按图1-12所示标注尺寸。

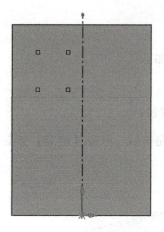
图1-10 绘制中心线

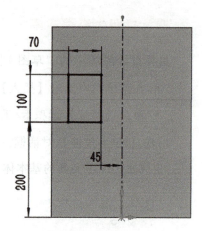
图1-11 绘制矩形　　图1-12 标注矩形尺寸

## 二、绘制圆形草图

### 1. 绘制一个圆形

在大致位置绘制圆，如图1-13所示。绘制圆形的方法如下：

- 在菜单栏中单击【工具】→【草图绘制实体】→【圆形】按钮。
- 单击【草图】选项卡/工具栏中的【圆形】按钮 ⊙。

### 2. 标注尺寸

标注圆的直径为80mm。单击圆心与中心线，标注距离为80mm，如图1-14所示。此时草图显示为蓝色，说明该草图为欠定义。

### 3. 完全定义草图

添加几何关系。打开【添加几何关系】对话框，分别选取圆心和矩形的竖直边的中点，在【添加几何关系】对话框中单击【水平】按钮，如图1-15所示。单击【确定】按钮 ✓，此时草图显示为黑色，如图1-16所示，说明草图为完全定义。

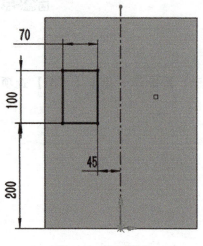
图1-13 绘制圆形

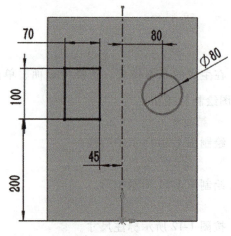
图1-14 标注圆尺寸

项目一 轨迹练习夹具数字化设计

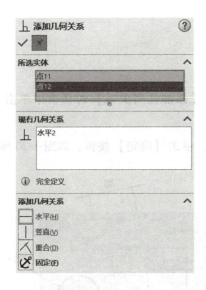

图 1-15 【添加几何关系】对话框

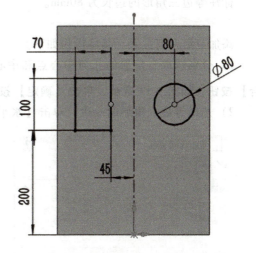

图 1-16 草图圆完全定义

## 三、绘制三角形草图

### 1. 绘制一个三角形

绘制三角形的方法如下：

- 在菜单栏中单击【工具】→【草图绘制实体】→【多边形】按钮。
- 单击【草图】选项卡/工具栏中的【多边形】按钮⬡。

单击【多边形】按钮，出现【多边形】对话框，如图 1-17 所示。在【参数】文本框中输入 "3"，在大致位置绘制三角形，单击【确定】按钮，如图 1-18 所示。

图 1-17 【多边形】对话框

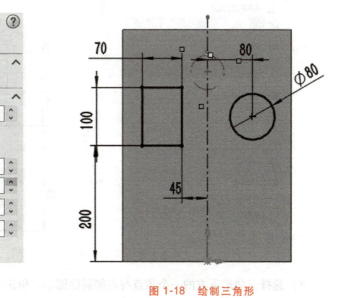

图 1-18 绘制三角形

13

**2. 标注等边三角形的边长**

标注等边三角形的边长为80mm。

**3. 完全定义草图**

添加三组几何关系，具体操作如下。

1）分别选取三角形的几何中心点和中心线，在【添加几何关系】对话框中单击【重合】按钮，如图1-19所示，单击【确定】按钮 ✓。

2）选择等边三角形的一边，单击【水平】按钮，单击【确定】按钮，如图1-20所示。

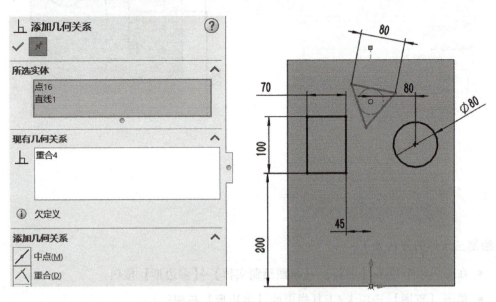

图1-19 添加【重合】几何关系

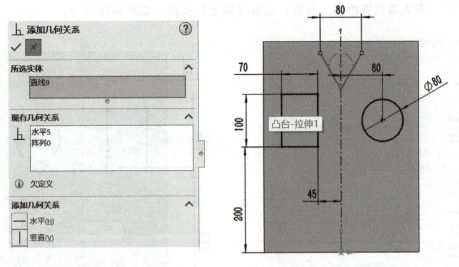

图1-20 添加三角形边【水平】几何关系

3）选择三角形下方的一个顶点与右侧圆的圆心，单击【水平】按钮，单击【确定】按钮。

添加完成这三个几何关系后，草图显示为黑色，如图 1-21 所示，说明草图为完全定义。

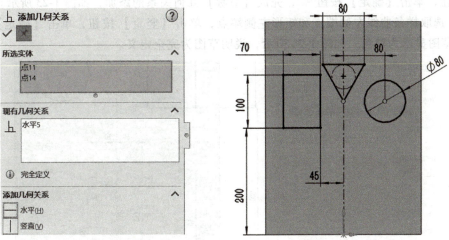

图 1-21　添加三角形下方顶点与圆心【水平】几何关系

## 四、绘制样条曲线

### 1. 绘制一条样条曲线

在大致位置绘制样条曲线。绘制样条曲线的方法如下：

> - 在菜单栏中单击【工具】→【草图绘制实体】→【样式样条曲线】按钮。
> - 单击【草图】选项卡/工具栏中的【样条曲线】按钮 右侧的下三角按钮，在弹出的下拉列表中单击【样式样条曲线】按钮 。

### 2. 标注样条曲线尺寸

按图 1-22 所示标注样条曲线尺寸。此时，草图显示为蓝色，说明该草图为欠定义。

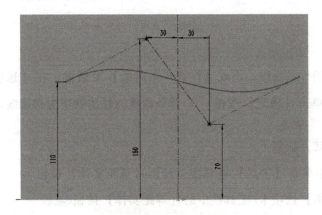

图 1-22　样条曲线尺寸

### 3. 完全定义草图

添加两组几何关系，具体操作如下。

1)分别选取样条曲线的两个端点和中心线,在【添加几何关系】对话框中单击【对称】按钮,单击【确定】按钮✓,完成【对称】几何关系的添加,如图1-23所示。

2)选取样条曲线左侧端点和矩形左侧端点,单击【竖直】按钮,单击【确定】按钮。此时,草图显示为黑色,如图1-24所示,说明草图为完全定义。

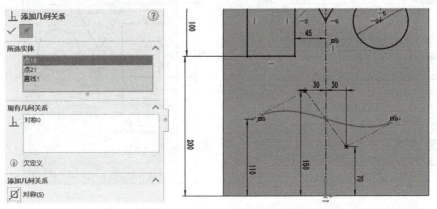

图1-23　添加【对称】几何关系

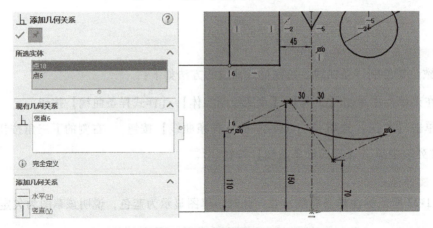

图1-24　添加【竖直】几何关系

### 4. 将样条曲线作为构造线

单击绘制完成的样条曲线,出现【样式样条曲线】对话框。在【选项】中勾选【作为构造线】复选框,单击【确定】按钮✓。样条曲线的性质就变为构造线,如图1-25所示。

### 5. 等距实体样条曲线

等距实体的创建方法如下:

- 在菜单栏中单击【工具】→【草图工具】→【等距实体】按钮。
- 单击【草图】选项卡/工具栏中的【等距实体】按钮。

在弹出【等距实体】对话框中的【参数】文本框中输入"5",勾选【双向】复选框。在草图中选择绘制好的样条曲线,并在【等距实体】对话框中单击【确定】按钮✓,如图1-26所示。

项目一 轨迹练习夹具数字化设计

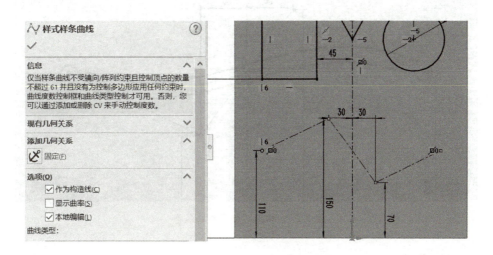

图 1-25 样条曲线作为构造线

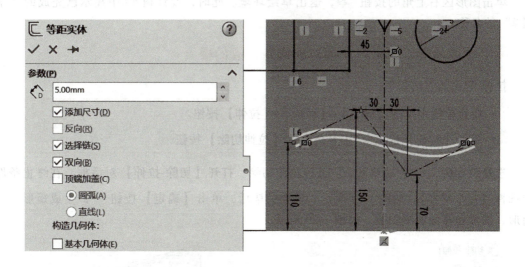

图 1-26 等距实体样条曲线

**6. 绘制两端的切线弧**

绘制切线弧的方法如下:

- 在菜单栏中单击【工具】→【草图绘制实体】→【切线弧】按钮。
- 单击【草图】选项卡/工具栏中的【圆心/起/终点弧】按钮 右侧下三角按钮,在弹出的下拉列表中单击【切线弧】按钮 。

分别单击等距实体后的两条样条曲线左端的两个端点,按<Enter>键确定切线弧位置。用同样的方法在两条样条曲线的右端绘制切线弧。此时,样条曲线的草图部分全部完成,如图 1-27 所示。

17

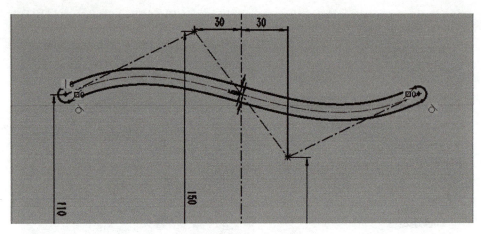

图 1-27 样条曲线两端切线弧

### 五、退出草绘环境

单击图形区右上角的按钮 ，退出草绘环境。此时，设计树 中显示已完成的"草图 2"的名称。

### 六、生成矩形、三角形、圆形和样条曲线的槽

拉伸-切除的方法如下：

- 在菜单栏中单击【插入】→【切除】→【拉伸】按钮。
- 单击【特征】选项卡/工具栏中的【拉伸切除】按钮 。

选择设计树 中的"草图 2"进行拉伸切除。打开【切除-拉伸】对话框，在终止条件中选择【完全贯穿】，如图 1-28 所示。设置完毕后，单击【确定】按钮 ，生成矩形、三角形、圆形和样条曲线的槽，如图 1-29 所示。

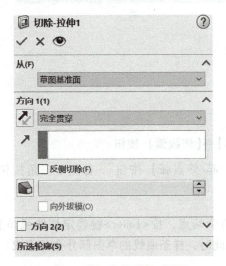

图 1-28 【切除-拉伸】对话框

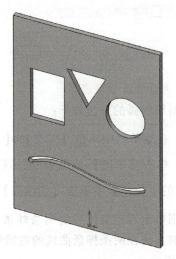

图 1-29 生成轨迹练习的槽

# 任务三　拉伸切除生成中间的不通孔

## 一、草图绘制

### 1. 确定草绘平面
在生成的基本体上，选择上表面为草绘平面。

### 2. 绘制圆
在大致位置绘制圆，如图 1-30 所示。

### 3. 标注尺寸
圆直径标注为 32mm，高度为 180mm，此时草图显示为蓝色，说明该草图为欠定义。

### 4. 完全定义草图
将圆心与坐标系原点添加【竖直】几何关系，即可完全定义该草图，如图 1-31 所示。

图 1-30　绘制圆

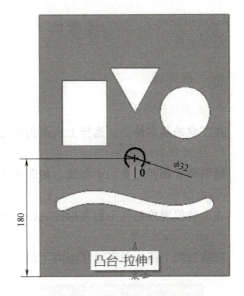

图 1-31　完全定义"草图 3"

## 二、退出草绘环境

单击图形区右上角的按钮 ，退出草绘环境。此时，设计树 中显示已完成的"草图 3"的名称。

## 三、生成不通孔

选择设计树 中的"草图 3"进行拉伸切除，在【切除-拉伸】对话框中，设置终止条件为【给定深度】，在【深度】文本框中输入"5mm"，设置完毕后，单击【确定】按钮 ，生成不通孔，如图 1-32 所示。

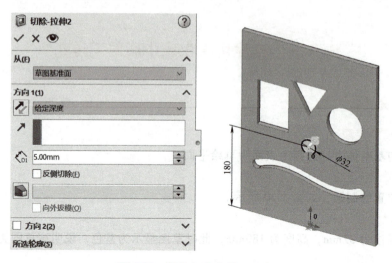

图 1-32 拉伸切除生成不通孔

## 任务四  拉伸切除生成沉头孔

### 一、草图绘制

**1. 确定草绘平面**

在生成的基本体上,选择上表面为草绘平面。

**2. 绘制两条中心线**

绘制两条相互垂直的中心线,如图 1-33 所示。

**3. 绘制两个圆**

在大致位置绘制两个圆并标注直径,如图 1-34 所示。

**4. 标注孔的位置尺寸**

对称的两个圆的距离通常用两个圆心的距离来标注。图 1-34 中只有右侧的圆,左侧的

项目一
任务四、五

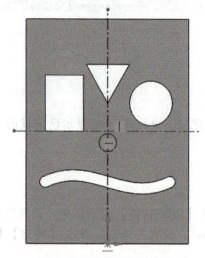

图 1-33 绘制两条中心线

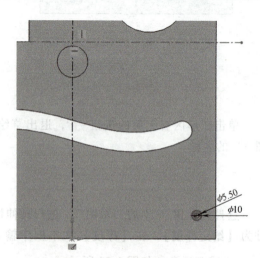

图 1-34 绘制两个圆并标注直径

圆还没有绘制。此情况下的距离标注需要用一种特殊的标注方法：选取圆心，再选取中心线，将尺寸的位置确定在中心线的另一侧，单击鼠标左键确定，在【修改】对话框中输入距离尺寸。标注完成后如图 1-35 所示。

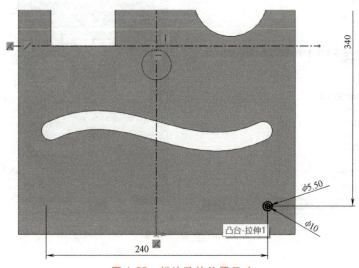

图 1-35　标注孔的位置尺寸

## 二、镜像沉头孔草图

草图镜像的方法如下：

- 在菜单栏中单击【工具】→【草图工具】→【镜像】按钮。
- 单击【草图】选项卡/工具栏中的【镜像实体】按钮。

在【镜像】对话框中的【要镜像的实体】中选取以上绘制的 φ5.5mm 和 φ10mm 的圆；在【镜像轴】中选取竖直的中心线，如图 1-36 所示。单击【确定】按钮，完成第一次镜像操作。

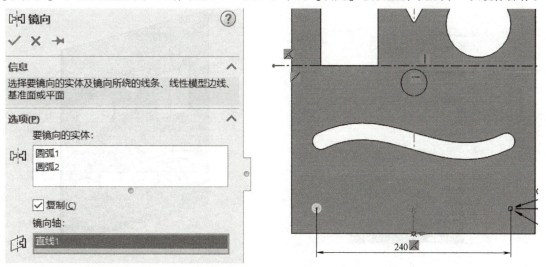

图 1-36　镜像圆草图（一）

使用同样的方法，在【要镜像的实体】中选择镜像完成后的 4 个圆，在【镜像轴】中选取水平中心线，单击【确定】按钮，完成全部的镜像操作，完成后如图 1-37 所示。

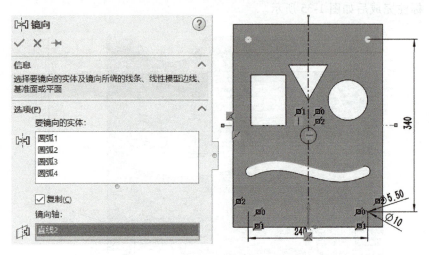

图 1-37　镜像圆草图（二）

### 三、退出草绘环境

单击图形区右上角的按钮，退出草绘环境。此时，设计树中显示已完成的"草图 4"的名称。

### 四、拉伸切除生成 φ5.5mm 通孔

选择设计树中的"草图 4"进行拉伸切除，在【切除-拉伸】对话框中的终止条件中选择【完全贯穿】，在【所选轮廓】中先删除"草图 4"，再选择镜像完成的 4 个 φ5.5mm 的圆，如图 1-38 所示。设置完毕后，单击【确定】按钮，生成通孔，如图 1-39 所示。

图 1-38　【切除-拉伸】对话框

图 1-39　拉伸切除生成 φ5.5mm 通孔

### 五、拉伸切除生成 φ10mm 不通孔

选择设计树 中的"草图4"进行拉伸切除,在【切除-拉伸】对话框中的终止条件中选择【给定深度】,在【深度】文本框中输入"5mm",在【所选轮廓】中先删除"草图4",再选择镜像完成的 4 个 φ10mm 的圆,如图 1-40 所示。设置完毕后,单击【确定】按钮 ,生成 4 个 φ10mm 不通孔,如图 1-41 所示。

图 1-40 【切除-拉伸】对话框

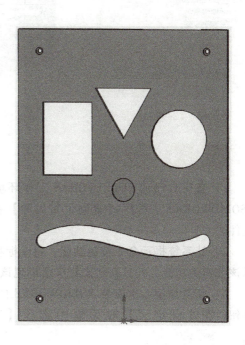

图 1-41 拉伸切除生成 φ10mm 不通孔

## 任务五 创建圆角特征

绘制圆角的方法如下:

- 在菜单栏中单击【插入】→【特征】→【圆角】按钮。
- 单击【特征】选项卡/工具栏中【圆角】按钮 右侧的下三角按钮,在弹出的下拉列表中单击【圆角】按钮 。

弹出【圆角】对话框,参数设置如图 1-42 所示。然后选取模型四条棱边,设置"半径"为"10mm",如图 1-43 所示。单击【确定】按钮 ,完成圆角特征,并保存文件。至此,完成了轨迹练习夹具的全部设计,如图 1-44 所示。

图 1-42 【圆角】对话框　　图 1-43 圆角预览　　图 1-44 轨迹练习夹具

### 现场经验

1）备份自己的 SOLIDWORKS 工作环境。通过单击【程序】→【SOLIDWORKS2020】→【SOLIDWORKS 工具】→【复制设定向导】按钮,将系统设置和用户界面导出或导入设置文件。

2）让系统提示命令按钮功能。将光标移动到工具栏中的命令按钮上并停留一会,即显示该按钮的功能,并且在状态栏中会出现该按钮的功能描述和动画演示。

3）恢复到第一次安装 SOLIDWORKS 的工具栏。单击菜单栏中的【工具】→【自定义】按钮,在【自定义】对话框中选择【工具栏】选项卡,单击【重设到默认】按钮。

### 项目拓展

#### 一、尺寸标注和添加几何关系

**1. 尺寸标注**

（1）线性尺寸标注　线性尺寸一般分为水平尺寸、竖直尺寸和平行尺寸三种。

单击【智能尺寸】按钮,然后单击直线上任意一点以选取要标注的直线,拖动鼠标光标,系统自动生成一个长度尺寸,并且因光标位置不同,自动生成的尺寸可能表现为水平、竖直、倾斜三种形式之一,尺寸形式满足要求后,单击图形区中的任意一点,确定尺寸的放置位置,同时出现【修改】对话框,在【修改】对话框中输入尺寸数值,单击【确定】按钮,完成线性尺寸标注。

（2）角度尺寸标注　角度尺寸用来标注两条直线的夹角或圆弧的圆心角。单击【尺寸/几何关系】工具栏中的【智能尺寸】按钮,单击拾取第一条直线,此时标注尺寸线出现,继续单击拾取第二条直线,这时标注尺寸线显示为两条直线之间的角度,单击确定尺寸的位置，出现【修改】尺寸对话框，输入尺寸数据，单击【确定】按钮 ✓，完成角度尺寸标注。

### 2. 添加几何关系

几何关系为草图之间或草图与基准面、基准轴、边线或顶点之间的几何约束。利用【添加几何关系】命令可以在草图之间或草图实体与基准面、基准轴、边线或顶点之间添加几何关系。

在【属性】对话框中的【所选实体】列表框中显示，并显示其相关的几何关系，如图1-45所示。表1-1列举了常用的几何约束关系。

图1-45　几何关系列表

表1-1　常用的几何约束关系

| 几何约束关系 | 要选择的对象 | 所产生的几何关系 |
| --- | --- | --- |
| 水平或竖直 | 一条或多条直线；两个或多个点 | 直线会变成水平或竖直，而点会水平或竖直对齐 |
| 共线 | 两条或多条直线 | 所选直线位于同一条无线长的直线上 |
| 全等 | 两个或多个圆弧 | 所选圆弧会共用相同圆心和半径 |
| 垂直 | 两条直线 | 两条直线相互垂直 |
| 平行 | 两条或多条直线 | 所选直线相互平行 |
| 相切 | 一圆弧、椭圆或样条曲线与一直线或圆弧 | 两个对象保持相切 |
| 同心 | 两个或多个圆弧；一个点和一个圆弧 | 圆弧共用同一圆心 |
| 中点 | 两条直线；一个点和一直线 | 点保持位于线段的中点 |
| 交叉点 | 两条直线和一个点 | 点保持于直线的交叉点处 |
| 重合 | 一个点和一直线、圆弧或椭圆 | 点位于直线、圆弧或椭圆上 |
| 相等 | 两条或多条直线；两个或多个圆弧 | 直线长度或圆弧半径保持相等 |
| 对称 | 一条中心线与两个点、直线、圆弧或椭圆 | 所选对象保持与中心线相等距离，并位于与一条中心线垂直的直线上 |
| 固定 | 任何对象 | 所选对象的大小和位置被固定。然而直线的端点可以自由地沿直线移动，并且圆弧或椭圆段的端点也可以随意沿圆弧或椭圆移动 |
| 穿透 | 一个草图点和一个基准轴、边线、直线或样条曲线 | 草图点与基准轴、边线或曲线在草图基准面上穿透的位置重合。【穿透】几何关系用于扫描引导线 |
| 合并点 | 两个草图点或端点 | 两个点合并成一个点 |

## 二、拉伸特征

拉伸特征是三维设计中常用的特征之一，所形成的实体具有沿轴向垂直截面相同的特点，凡是等截面且指定长度的实体都可以用拉伸特征来建模，可以建立拉伸凸台（加材料）和拉伸切除（减材料）。拉伸凸台特征是将整个草图或草图中的某个轮廓沿一定方向移动一定距离后，该草图扫过的空间区域所形成的特征。只要实体具有相同的横截面，且其轴线是直的，如长方体、圆柱等，基本上都可以使用拉伸特征来建模。

**1. 拉伸特征的草图截面**

草图截面可以由一个或多个封闭环组成，封闭环之间不能自交，但封闭环之间可以嵌套。如果存在嵌套的封闭环，在生成增加材料的拉伸特征时，系统自动认为里面的封闭环类似于孔特征，如图1-46所示。

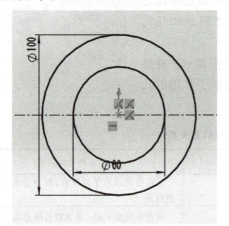 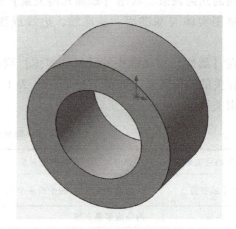

图 1-46　嵌套封闭环生成孔

**2. 拉伸特征的开始条件**

创建草图特征时，有四种方式设置拉伸特征的开始条件，如图1-47所示。

- 【草图基准面】——从草图所在的基准面开始拉伸。
- 【曲面/面/基准面】——从指定的曲面、面或基准面开始拉伸。
- 【顶点】——从指定的顶点开始拉伸。
- 【等距】——从与当前草图基准面等距的基准面开始拉伸。

**3. 拉伸特征的终止条件**

在创建拉伸特征时，有多种方式设定拉伸特征的终止条件，如图1-47所示。下面对常用的拉伸终止条件方式进行说明。

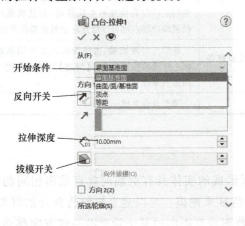 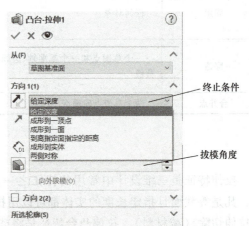

图 1-47　拉伸的起始和终止条件

- 【给定深度】——直接指定拉伸特征的拉伸长度。
- 【成形到一顶点】——拉伸延伸至通过一顶点并与基准面平行的平面处。
- 【成形到一面】——拉伸特征沿拉伸方向延伸至指定的零件表面或一个基准面。
- 【到离指定面指定的距离】——拉伸特征延伸至距一个指定平面一定距离的位置，指定距离以指定平面为基准。
- 【两侧对称】——拉伸特征以草绘基准面为中心向两侧对称拉伸，拉伸长度为总长度。

## 三、圆角特征

圆角特征可以在一个零件上生成外圆角或内圆角。圆角特征在零件设计中起着重要的作用，大多数情况下，如果能在零件特征上加入圆角，有助于造型上的变化，或是产生平滑过渡的效果。圆角特征是在所选择的边线或平面上生成一个或多个圆弧面，用该圆弧面将圆角的角切掉。

圆角特征主要分为四类，可以在【圆角类型】选项组中进行设置。因为每种类型设置的参数不同，所以每种圆角的对应的对话框参数是不同的。

### 1.【恒定大小圆角】

【恒定大小圆角】是建模中常用的圆角特征，为默认的选项。在图形区域中选取想要添加圆角的棱边即可，可以是单个，也可以是多个，如以边线不同的半径值生成圆角，可以勾选【多半径圆角】单选按钮，则可以为每条边线指定圆角的半径值，其他参数默认即可。如果要对一个平面的所有边线添加圆角特征，可以直接选择该平面，而不需要选择每一条棱边，如图1-48所示。

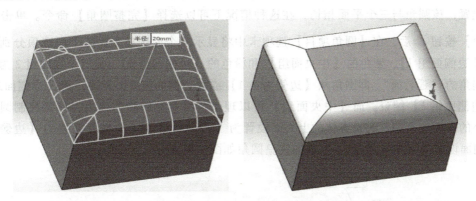

图1-48 【恒定大小圆角】实例

### 2.【变量大小圆角】

当某一条棱边上的圆角半径值不是固定值，而是逐渐变化时，单击【变量大小圆角】按钮 。可以在圆角边线上指定不同半径的值，如图1-49所示。

### 3.【面圆角】

当两个平面或曲面没有交线时，可以采用两个面进行面圆角操作。单击【面圆角】按钮 。在【要圆角化的项目中】的【边侧面组1】和【边侧面组2】中分别选取一个面，即可生成图1-50所示的面圆角。

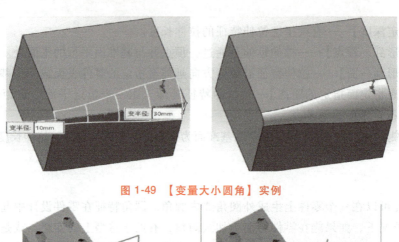

图 1-49 【变量大小圆角】实例

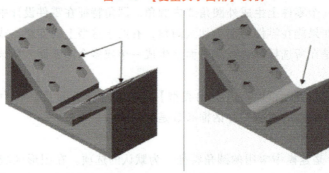

图 1-50 【面圆角】实例

### 4.【完整圆角】

在进行零件设计时,有时并不知道圆角实际有多大,只希望通过三个平面控制圆角的大小与位置,该圆角与三个平面相切,在这种情况下可以选择【完整圆角】命令。单击【完整圆角】按钮 后,在【圆角项目】选项卡中将显示三个面选项,这三个面选项分别为蓝色的【边侧面组 1】、紫色的【中央面组】和粉色的【边侧面组 2】。面组 1 和面组 2 为将要形成圆角的"延长面",即圆角从【边侧面组 1】或【边侧面组 2】开始,到【边侧面组 2】或【边侧面组 1】结束。而【中央面组】可以理解为将要被删除的表面,或者控制圆弧圆角大小的表面。例如,将长方体的上底面设置为【边侧面组 1】,下底面设置为【边侧面组 2】,侧面设置为【中央面组】,形成的完整圆角如图 1-51 所示。

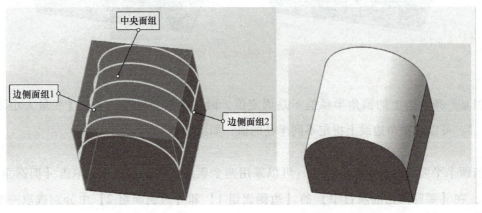

图 1-51 【完整圆角】实例

## 练 习 题

1）绘制完成图 1-52 所示草图，添加适当的几何关系使草图完全定义。

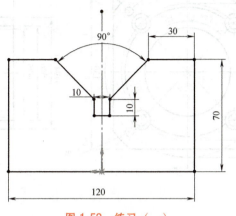

图 1-52　练习（一）

2）完成图 1-53 所示模型的三维数字化设计。

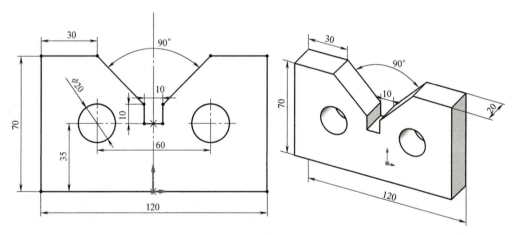

图 1-53　练习（二）

3）完成图 1-54 所示手腕轴模型的三维造型。

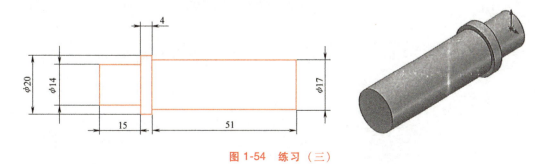

图 1-54　练习（三）

4）参照图1-55所示零件图创建底盘选装电动机法兰的三维模型，单位制为mm。

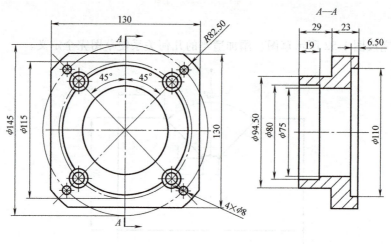

图1-55　练习（四）

# 项目二　校准工具数字化设计

### 学习目标

1) 了解参数化设计的设计意图。
2) 熟悉倒角特征和旋转特征。
3) 掌握使用参数化方程建模的方法。

### 项目引入

校准工具（图 2-1）是工业机器人进行校准工作的重要工具，本项目要求完成该零件的三维数字化设计，并在此基础上使用参数化方程建模。

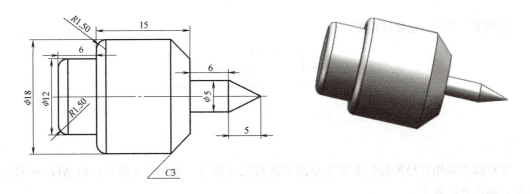

图 2-1　校准工具

### 项目分析

校准工具的外形是由直线组成的轮廓形状绕着轴线回转而成的回转体，其草图结构是上下对称的，所以只需要绘制出上半部分或下半部分的大致形状，然后标注尺寸和添加几何约束，使其绕着轴线创建旋转凸台特征，最后创建圆角、倒角特征完成模型细节。

通过创建参数化方程建立模型，可以更改基准尺寸从而获得不同规格的零部件。

> 项目实施

本项目由草图绘制、生成三维实体以及利用参数化方程建模任务组成，具体的任务如下。

# 任务一　草图绘制

## 一、进入草绘环境

### 1. 新建文件并命名

按简介中的操作方法新建零件文件，单击菜单栏中的【保存】按钮。

### 2. 确定草图基准面

选择【上视基准面】，进入草绘环境。

项目二
任务一

## 二、绘制轮廓线

### 1. 绘制水平中心线

过原点绘制一条水平方向的中心线，如图2-2所示。

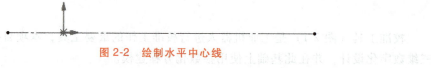

图2-2　绘制水平中心线

### 2. 绘制轮廓线草图

绘制图2-3所示轮廓线草图。

图2-3　绘制轮廓线草图

### 3. 标注线性尺寸

圆柱体通常用直径的标注方式在草图中进行尺寸标注。如图2-4所示，以φ12mm尺寸为例，标注方法如下：

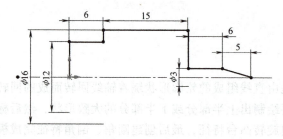

图2-4　标注线性尺寸

- 单击坐标系原点正上方的点，再选取水平直线，将尺寸的位置确定在中心线的另一侧，单击【确定】按钮。
- 在【修改】文本框中输入尺寸"12"，在【尺寸】对话框中单击【直径】按钮，完成草图中的直径标注。

### 4. 添加几何关系

添加【水平】几何关系；添加最左端的起点与坐标系原点的【重合】几何关系；最右端的终点与中心线的【重合】几何关系。此时，所有线条为黑色，说明完全定义。

### 三、退出草绘环境

单击图形区右上角的按钮 ，退出草绘环境。此时，设计树 中显示已完成的"草图1"的名称。

## 任务二　生成三维实体

选择设计树 中的"草图1"，用【旋转凸台/基体】命令生成实体，具体的方法如下：

- 在菜单栏中单击【插入】→【凸台/基体】→【旋转】按钮。
- 单击【特征】选项卡/工具栏中的【旋转凸台/基体】按钮 。

单击【旋转凸台/基体】按钮时，系统会自动判断旋转草图轮廓是否为封闭草图。因上述所绘"草图1"为非封闭草图，故系统会首先弹出是否自动封闭"草图1"的提示框，如图2-5所示。当需要完成非壁厚的旋转特征时，单击【是】按钮，系统会自动将草图轮廓封闭。

单击【是】按钮后，出现图2-6所示的【旋转】对话框。

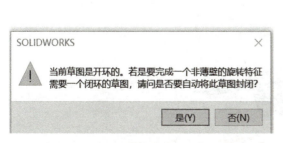

图2-5　是否自动将草图闭环提示框

图2-6　【旋转】对话框

设置完毕后，单击【确定】按钮 ✓，生成旋转实体特征，如图2-7所示。

图2-7 旋转实体

## 任务三　生成校准工具实体

项目二
任务三

### 一、创建圆角特征

单击"圆角"按钮，选择图2-8所示的两圆曲线为"边线1""边线2"。
设置【圆角】对话框中的参数，如图2-9所示。

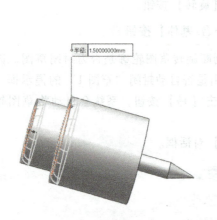

图2-8　选择圆角边线

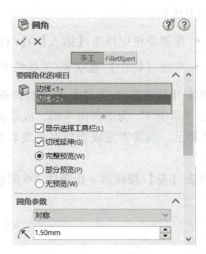

图2-9　【圆角】对话框

单击【确定】按钮 ✓，生成圆角特征，如图2-10所示。

图2-10　生成圆角特征

## 二、创建倒角特征

创建倒角特征，具体的方法如下：

> - 在菜单栏中单击【插入】→【特征】→【倒角】按钮。
> - 单击【特征】选项卡/工具栏中的【圆角】按钮 右侧下三角按钮，在弹出的下拉列表中单击【倒角】按钮 。

在【倒角】对话框中选择要倒角的圆曲线为"边线1"，如图2-11所示。

设置【倒角】对话框中的参数，如图2-12所示。

图2-11 选择倒角边线　　　　　　图2-12 【倒角】对话框

单击【确定】按钮 ，生成倒角特征，从而完成校准工具实体模型的创建，如图2-13所示。保存文件并命名为"校准工具"。

图2-13 生成倒角特征

## 任务四　利用参数化方程建模

### 一、创建方程

打开前面保存的"校准工具"三维模型文件，另存为"参数化校准工

项目二
任务四

具"文件。创建参数化方程的操作方法如下：

1) 在菜单栏中单击【工具】→【方程式】按钮。

2) 出现【方程式、整体变量及尺寸】对话框，在对话框中的【全局变量】中创建"长度1""长度2""长度3"，如图2-14所示。

图2-14 创建方程

## 二、创建长度参数化驱动方程

### 1. 显示注解和特征尺寸

如图2-15所示，在设计树 中选择【注解】 ，单击鼠标右键，出现快捷菜单，单击【显示注解】和【显示特征尺寸】。

### 2. 显示模型尺寸名称

如图2-16所示，具体操作方法如下：

- 在菜单栏中单击【视图】→【显示/隐藏】→ 尺寸名称 按钮。

图2-15 选择特征选项

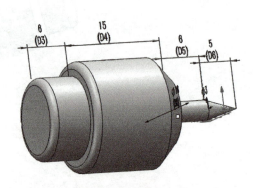

图2-16 显示模型尺寸

### 3. 建立参数化方程表达式

在图形中双击要参数化驱动的模型长度尺寸在弹出的【修改】对话框中设置参数化方程表达式。其中，方程"D3"="长度1"，"D4"="长度1"*2+3，"D5"="长度1"，如图 2-17 所示。

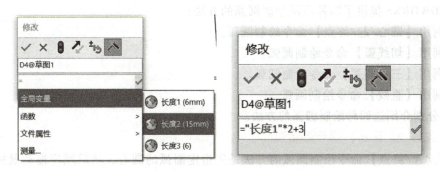

图 2-17　建立长度参数化驱动方程

### 三、参数化方程建模

在设计树中选择【方程式】，单击鼠标右键，弹出快捷菜单，如图 2-18 所示。选择【管理方程式】命令，修改"D3"尺寸，单击【确定】按钮，实现零件的长度尺寸参数化方程建模。例如，将"D3"设为"10mm"，重建前后模型如图 2-19 所示。

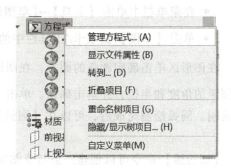

图 2-18　管理方程式

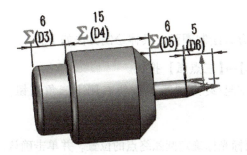 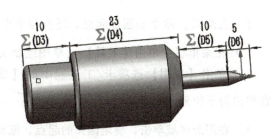

图 2-19　参数化方程建模的校准工具

> **现场经验**

1) 标注尺寸时，单击鼠标右键可锁定尺寸的方向（水平/垂直/平行，或角度向内/向外），拖动鼠标光标将数字文字放置在需要的地方而不改变方向。

2) 标注尺寸时，可以在尺寸文本框输入数学公式，让其自动进行尺寸数值计算。

3) 如果草图为欠定义，在设计树中的草图名称前面会出现一个"-"；如果草图为过定义，则草图名称前面会出现一个"+"。

## 项目拓展

### 一、草图绘制实体——绘制圆弧

SOLIDWORKS 提供了四种草图绘制圆弧的方法：
1）利用【圆心/起/终点】命令绘制圆弧。
2）利用【切线弧】命令绘制圆弧。
3）利用【三点圆弧】命令绘制圆弧。
4）利用【直线】命令绘制圆弧。
下面分别介绍这四种绘制圆弧的方法。

#### 1.【圆心/起/终点】命令绘制圆弧

【圆心/起/终点】命令绘制圆弧的方法是先指定圆弧的圆心，然后顺序拖动鼠标光标指定圆弧的起点和终点，确定圆弧的大小和方向。具体绘制方法如下：

- 在菜单栏中单击【工具】→【草图绘制实体】→【圆心/起/终点圆弧】命令。
- 单击【草图】选项卡/工具栏中的【圆心/起/终点圆弧】按钮 。

在图形区单击确定圆弧的圆心；在图形区合适的位置单击，确定起点；拖动鼠标光标确定圆弧的角度和半径，并单击确认。单击【圆弧】对话框中的【确定】按钮 ，完成圆弧的绘制。圆弧绘制完成后，可以在【圆弧】对话框中修改其属性。

#### 2.【切线弧】命令绘制圆弧

【切线弧】命令可以创建一条与草图实体相切的弧线。草图实体可以是直线、圆弧、椭圆和样条曲线等。

#### 3.【三点圆弧】命令绘制圆弧

【三点圆弧】命令是通过起点、终点与中点的方式绘制圆弧。具体绘制方法如下：

- 在菜单栏中单击【工具】→【草图绘制实体】→【三点弧】按钮。
- 单击【草图】选项卡/工具栏中的【圆心/起/终点圆弧】按钮右侧下三角按钮，在弹出的下拉列表中选择【三点弧】按钮 。

1）在图形区域单击，确定圆弧的起点，拖动鼠标光标确定圆弧终点的位置，并单击确认。
2）单击圆弧中点并拖动鼠标光标确定圆弧的半径和方向，单击确认。
3）单击【圆弧】对话框中的【确定】按钮 ，完成三点圆弧的绘制。

#### 4.【直线】命令绘制圆弧

【直线】命令除了可以绘制直线外，还可以绘制连接在直线端点处的切线弧。使用该命令时，必须先绘制一条直线，然后才能绘制圆弧。首先绘制一条直线，在不结束【直线】命令的情况下，将鼠标光标稍微向旁边拖动，再将鼠标光标拖回至直线的终点，此时鼠标指针为圆形，如图 2-20 所示，开始绘制圆弧。

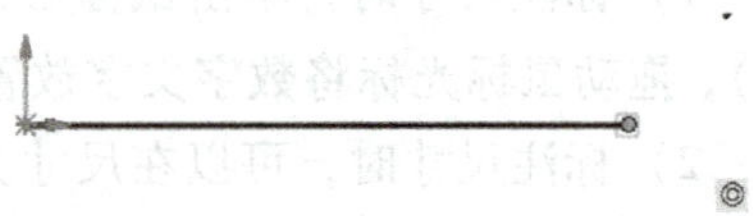

图 2-20 鼠标光标变化

拖动鼠标光标到合适的位置,并单击确定圆弧的大小,如图2-21所示。

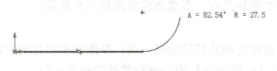

图2-21 拖动鼠标绘制圆弧

直线转换为绘制圆弧的状态,必须先将鼠标光标拖回至终点,然后拖出才能绘制圆弧。也可以在此状态下单击鼠标右键,在弹出的快捷菜单中选择【转到圆弧】命令绘制圆弧。反之,在绘制圆弧的状态下,选择快捷菜单中的【转到直线】命令也可绘制直线。

### 二、旋转凸台/基体和旋转切除特征

旋转特征是三维设计中常用的特征之一,由一个草图绕一个旋转轴旋转一定的角度(多为360°),草图截面扫过的空间形成的特征。车削加工的零件大多可以由旋转特征来创建。

**1. 旋转凸台**

绘制图2-22所示的旋转凸台。

创建旋转凸台特征的基本操作步骤如下:

1)编辑草图。先绘制一个旋转凸台的半截面,标注尺寸并添加几何关系,使其完全定义,如图2-23所示。

2)旋转凸台特征编辑。选择需要旋转的截面草图,选择【旋转凸台/基体】命令,进入旋转凸台特征编辑状态,出现【旋转】对话框,如图2-24所示。

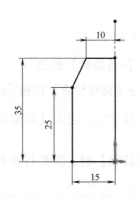
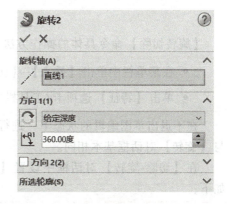

图2-22 旋转凸台　　　图2-23 绘制半截面　　　图2-24 【旋转】对话框

旋转特征较常用的参数是【旋转轴】和【方向1】,这两个选项组默认是展开状态。如果在草图中只绘制了一条中心线,则会默认该中心线为旋转轴,如果草图中没有绘制中心线或绘制了多条中心线,则需要操作者在工作区域中创建或单击选择一条线作为旋转轴。可以修改【方向1】选项组中的【角度】文本框中的数值;如果想形成半个圆台,则可以将【角度】改为"180度",更改后按<Enter>键,在图形区会有相应的效果预览,如果预览的效果

符合要求，可以单击【确定】按钮 ✓，退出当前对话框。该截面沿中心线旋转一周后，其扫过的空间区域即为一个旋转凸台，形成指定的旋转凸台效果。

### 2. 旋转切除

旋转切除是指草图沿指定的旋转轴旋转一周，草图截面扫过的空间的材料将被删除，即减材料。图2-25所示为【旋转切除】命令进行零件建模的实例。

使用【旋转切除】命令的基本步骤：

1）选取草绘平面。选取一个平面作为旋转切除的草图绘制平面（旋转切除的截面），通常要求此平面内包含后续旋转切除的旋转轴，如图2-26所示。

2）绘制旋转切除草图。在草绘平面内绘制旋转切除的草图，要求该草图是一个封闭的区域，并与要切除的实体截面相交或在截面内，如图2-27所示。

图2-25 【旋转切除】命令建模

图2-26 选择草绘平面

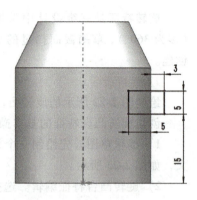
图2-27 绘制草图

【旋转切除】命令具体的操作方法如下：

- 在菜单栏中单击【插入】→【切除】→【旋转】按钮。
- 单击【特征】选项卡/工具栏中的【旋转切除】按钮 ▣。

在不退出草图编辑的状态下，进行旋转切除，进入【切除-旋转】对话框，其设置方法与【旋转】对话框基本相同。

在【切除-旋转】对话框中设置【旋转轴】时，需要打开临时轴。打开临时轴的方法如下：

- 在菜单栏中单击【视图】→【显示/隐藏】→【临时轴】按钮。
- 打开前导视图工具栏，单击【隐藏/显示项目】按钮 ◉ 右侧的下三角按钮，在弹出的下拉列表中选择【观阅临时轴】。此时【观阅临时轴】颜色变为深色，说明在视图中将显示临时轴。

选取旋转轴，设置好其他参数后，如图2-28所示。单击【确定】按钮 ✓，完成旋转切除。

项目二 校准工具数字化设计

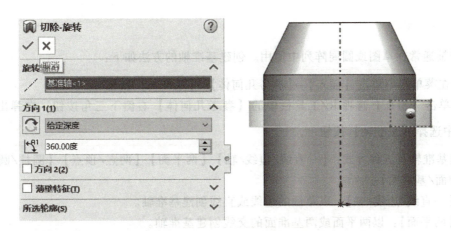

图 2-28 【切除-旋转】对话框和预览效果

### 三、倒角特征

倒角特征是在所选的点、边线和平面上生成一个或多个倾斜的平面。用该平面将原有的直角特征切掉。

在【倒角】对话框中选择【倒角类型】，在图形区选择相应的倒角元素即可，可以是线和面，如图 2-29 所示。SOLIDWORKS2020 版提供了五种【倒角类型】：【角度-距离】【距离-距离】【顶点】【等距面】和【面-面】。最常用三种方式的介绍如下：

1)【角度-距离】：通过设定角度和距离来创建倒角。
2)【距离-距离】：通过设定两个不同方向的距离来创建倒角。
3)【顶点】：选择一个顶点来创建倒角，可以设定每一侧的距离。

图 2-30 所示为几种倒角方式的实例。

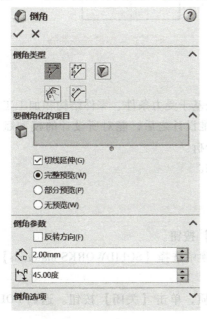

图 2-29 【倒角】对话框

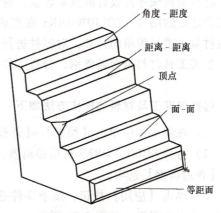

图 2-30 倒角方式实例

41

## 四、基准轴

基准轴通常在草图或圆周阵列中使用。创建基准轴的方法如下：

- 在菜单栏中单击【插入】→【参考几何体】→【基准轴】按钮。
- 单击【特征】选项卡/工具栏中的【参考几何体】右侧下三角按钮，在弹出的下拉列表中选择【基准轴】按钮 ⁄ 。

创建基准轴有五种方式：【一直线/边线/轴】【两平面】【两点/顶点】【圆柱/圆锥面】与【点和面/基准面】。

1)【一直线/边线/轴】：以草图的边线或直线创建基准轴。
2)【两平面】：以两平面或两基准面的交线创建基准轴。
3)【两点/顶点】：以两点的连线创建基准轴。
4)【圆柱/圆锥面】：以圆柱或圆锥面的中心线创建基准轴。
5)【点和面/基准面】：过指定的点垂直于所选的面创建基准轴。

【基准轴】对话框如图2-31所示。创建完的基准轴如图2-32所示。

图2-31 【基准轴】对话框

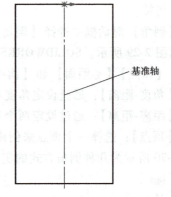

图2-32 创建的基准轴

## 五、零件的质量特性

材质是机械零件设计的重要数据，材质的选择是基于受力条件、零件结构和加工工艺条件综合之后的结果，SOLIDWORKS在完成产品的三维设计之后，能对所设计的模型赋予指定的材质，进行简单的计算，对零件进行质量特性分析。

校准工具材料为普通碳钢，分析零件的质量特性。

### 1. 选择校准工具材料

选择校准工具材料的操作方法如下：

1) 在菜单栏中单击【编辑】→【外观】→【材质】按钮。
2) 打开SOLIDWORKS材质编辑器，在材料选项中选择【SOLIDWORKS materials】中的【普通碳钢】选项。
3) 单击【应用】按钮，赋予零件普通碳钢材质，单击【关闭】按钮。返回SOLID-WORKS工作界面，如图2-33所示。

项目二 校准工具数字化设计

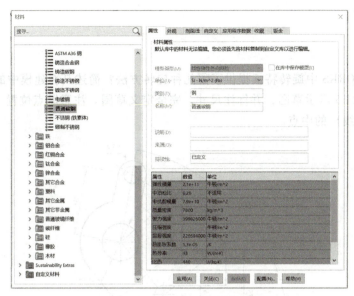

图 2-33 SOLIDWORKS 材质编辑器

### 2. 质量特性分析

操作方法如下：

> - 单击【菜单】→【工具】→【评估】→【质量属性】按钮。
> - 单击选项卡中的【评估】→【质量属性】按钮 ⚖。

弹出【质量属性】对话框，如图 2-34 所示。在对话框中可以得到其质量、体积和面积的参数。

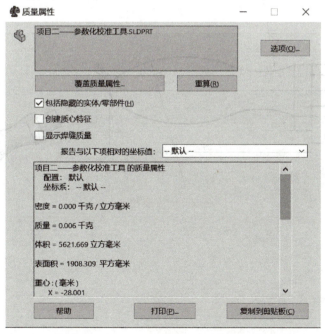

图 2-34 【质量属性】对话框

43

## 练  习  题

1）SOLIDWORKS 中旋转特征提供了哪几种旋转方法？简述其在建模中的应用。

2）绘制图 2-35 所示草图，并标注尺寸，完全定义草图。注意原点位置，图中所示中点为构造线（中心线）的中点。

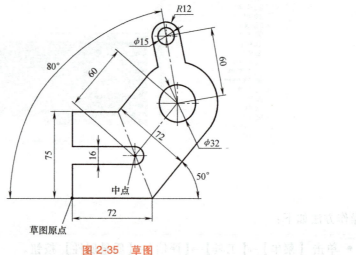

图 2-35  草图

3）完成图 2-36 所示手柄模型的数字化设计，手柄材料为普通碳钢，并分析该模型的质量和体积。

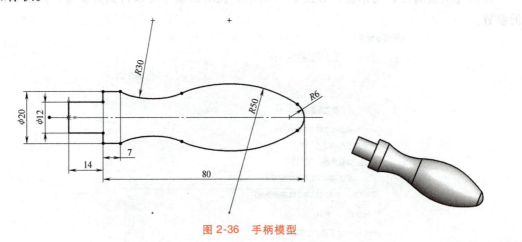

图 2-36  手柄模型

# 项目三　底盘法兰盖数字化设计

## 学习目标

1) 了解草图转换实体引用的方法。
2) 熟悉钻孔特征、阵列特征设计。
3) 掌握沉孔向导、包覆在建模中的应用。

## 项目引入

底盘法兰盖是机械手臂中一个非常重要的连接零件，如图3-1所示。本项目要求完成该零件的三维数字化设计。

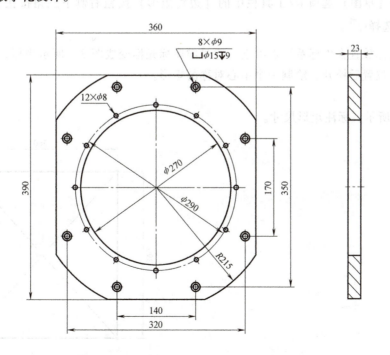

图 3-1　底盘法兰盖

> **项目分析**

底盘法兰盖的外形是由长方形的草图拉伸而来，切除中间的圆孔；用圆弧切除四个角；用拉伸-切除的方法切除中间的小孔，然后圆周阵列；使用沉孔向导创建内六角圆柱螺钉沉孔，从而完成底盘法兰盖的三维数字化设计。

> **项目实施**

本项目由草图转换实体、阵列特征、异型孔创建等任务组成，具体的任务如下。

## 任务一　绘制长方体

项目三
任务一、二

### 一、进入草绘环境

1) 新建文件并命名。
2) 确定草图基准面，选择【上视基准面】，进入草绘环境。

### 二、绘制中心对称的矩形

#### 1. 绘制矩形

使用【中心矩形】的方法绘制矩形草图，方法如下：

- 在菜单栏中单击【工具】→【草图绘制实体】→【中心矩形】按钮。
- 单击【草图】选项卡/工具栏中的【边角矩形】按钮右侧下三角按钮，在弹出的下拉列表中选择 ▭。

将鼠标光标放置在坐标系原点附近，这时候鼠标光标变成图 3-2 所示光标，按住鼠标左键拖动到一定位置后松开，绘制一个中心对称的矩形。

#### 2. 标注矩形的尺寸

如图 3-3 所示，标注矩形尺寸。

图 3-2　移动鼠标光标到坐标系原点

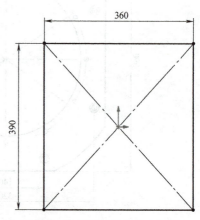

图 3-3　标注矩形的长度和宽度

### 三、退出草绘环境

单击图形区右上角的按钮 ，退出草绘环境。此时，设计树 中显示已完成的"草图1"的名称。

### 四、拉伸生成基本体

选择设计树 中的"草图1"进行拉伸。如图3-4所示，设置【凸台-拉伸】对话框中的参数。设置完毕后，单击【确定】按钮 ，完成长方体的创建。

图3-4 【凸台-拉伸】对话框和效果预览

## 任务二 拉伸切除中间的圆和四个角

### 一、绘制直径为270mm的圆

1. 确定草绘平面

在生成的长方体上，选择上表面为草绘平面。

2. 绘制圆

以坐标系原点为圆心绘制一个圆。

3. 标注圆的尺寸

如图3-5所示，标注圆的直径。

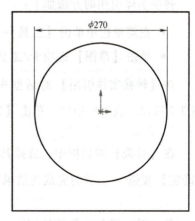

### 二、退出草绘环境

单击图形区右上角的按钮 ，退出草绘环境。此时，设计树 中显示已完成的"草图2"的名称。

图3-5 标注圆的直径

### 三、拉伸切除圆

选择设计树 中的"草图2"进行拉伸切除。在【切除-拉伸】对话框中,终止条件选择【完全贯穿】,设置完毕后,单击【确定】按钮 ,切除掉中间的圆,如图3-6所示。

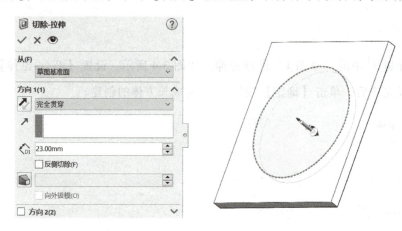

图3-6 【切除-拉伸】对话框和效果预览

### 四、绘制切除四个角的草图

1. 确定草绘平面

选择长方体的上表面为草绘平面。

2. 绘制圆

以坐标系原点为圆心绘制一个圆。

3. 标注圆的尺寸

将圆的直径标注为"430"。

4. 将矩形的四条边转换实体引用

转换实体引用的方法如下:

- 在菜单栏中单击【工具】→【草图工具】→【转换实体引用】按钮。
- 单击【草图】选项卡/工具栏中的【转换实体引用】按钮 。

在【转换实体引用】对话框中的【要转换的实体】列表中选择矩形的四条边线,如图3-7所示。设置完毕后,单击【确定】按钮 。

5. 裁剪掉多余的线条

在【剪裁】对话框中,选择其中一种裁剪方式裁剪掉多余的线条。设置完毕后,单击【确定】按钮 。裁剪完成的效果如图3-8所示。

6. 退出草图

单击图形区右上角的按钮 ,退出草绘环境。此时,设计树 中显示已完成的"草图3"的名称。

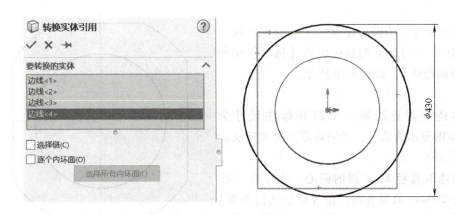

图 3-7 【转换实体引用】对话框和边线选择

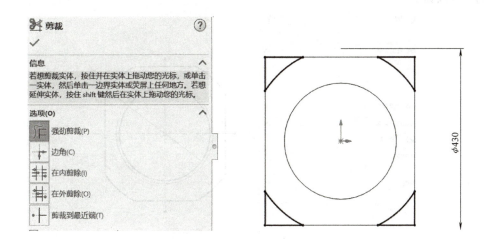

图 3-8 【裁剪】对话框和裁剪效果

### 五、拉伸切除四个角

选择设计树中的"草图 3"进行拉伸切除。在【切除-拉伸】对话框中,终止条件选择【完全贯穿】。设置完毕后,单击【确定】按钮 ✓,切除掉四个角。

## 任务三 拉伸切除直径 8mm 的孔并阵列

### 一、拉伸切除直径 8mm 的孔

**1. 确定草绘平面**

在生成的长方体上,选择上表面为草绘平面。

**2. 绘制中心线**

如图 3-9 所示,绘制两条中心线。

项目三
任务三、四

**3. 绘制构造圆、标注尺寸并作为构造线**

以坐标系原点为圆心绘制一个圆并标注尺寸为"φ290"。在【圆】对话框中的【选项】中勾选【作为构造线】，如图3-10所示。

**4. 绘制直径为8mm的圆**

在构造线附近绘制一个圆并标注尺寸为"φ8"，草图显示为蓝色，说明该草图为欠定义。

**5. 添加几何关系**

分别选取直径8mm圆的圆心、水平中心线和直径为290mm的构造圆，在【添加几何关系】中单击【交叉点】按钮，如图3-11所示，单击【确定】 按钮。

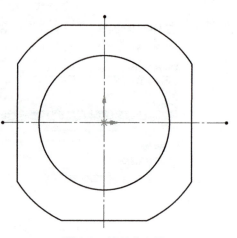

图3-9 绘制中心线

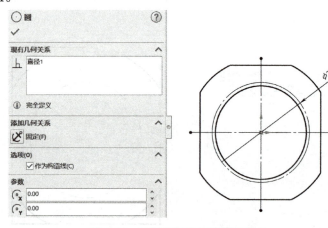

图3-10 绘制并标注构造圆的尺寸

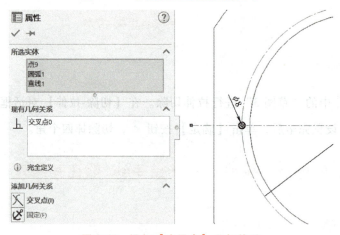

图3-11 添加【交叉点】几何关系

**6. 退出草图**

单击图形区右上角的按钮 ，退出草绘模式。此时，设计树 中显示已完成的"草图4"的名称。

### 7. 切除

选择设计树中的"草图4"进行拉伸切除,在【切除-拉伸】对话框的终止条件中选择【完全贯穿】,设置完毕后,单击【确定】按钮。

## 二、圆周阵列

### 1. 观阅临时轴

显示临时轴的方法如下:

- 在菜单栏中单击【视图】→【显示/隐藏】→【临时轴】按钮。
- 打开前导视图工具栏,单击【隐藏/显示项目】按钮右侧下三角按钮,在弹出的下拉列表中单击【观阅临时轴】按钮。

此时【观阅临时轴】颜色变为深色,说明在视图中将显示临时轴。图 3-12 所示为视图前导工具栏。

图 3-12 视图前导工具栏

### 2. 圆周阵列

选择设计树中的"切除-拉伸3"进行圆周阵列。圆周阵列的方法如下:

- 在菜单栏中单击【插入】→【阵列/镜像】→【圆周阵列】按钮。
- 单击【特征】选项卡/工具栏中的【线性阵列】按钮右侧下三角按钮,在弹出的下拉列表中单击【圆周阵列】按钮。

在【阵列(圆周)】对话框中的【方向】选项组中选中"基准轴1",其他参数设置如图 3-13 所示。设置完毕后,单击【确定】按钮。

 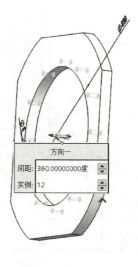

图 3-13 【阵列(圆周)】对话框及效果预览

## 任务四  沉孔特征建模

沉孔特征的创建方法有多种，此项目需要创建 8 个沉孔，沉孔的定位是建模的关键步骤。因此，在此项目中，先绘制一个草图，确定 8 个沉孔的位置点。当沉孔特征建立需要定位时，直接定位在草图上的点。

### 一、绘制 8 个沉孔位置点的草图

**1. 确定草绘平面**

在生成的长方体上，选择上表面为草绘平面。

**2. 绘制中心线**

过坐标系原点绘制一条竖直的中心线和水平的中心线。

**3. 绘制其中两点**

绘制点的方法如下：

- 在菜单栏中单击【工具】→【草图绘制实体】→【点】按钮。
- 单击【草图】选项卡/工具栏中的【点】按钮 ▪ 。

在草图平面的右下方绘制两个点，并按图 3-14 所示标注尺寸。

**4. 草图镜像得到其他点**

草图镜像的方法如下：

- 在菜单栏中单击【工具】→【草图工具】→【镜像】按钮。
- 单击【草图】选项卡/工具栏中的【镜像实体】按钮 。

选中上面绘制的两个点，在【镜像实体】对话框中的【选项】中的【镜像轴】中选择水平的中心线，设置完毕后，单击【确定】按钮 ✓ 。选中刚镜像完成的 4 个点，使用相同的步骤，此时在【镜像轴】中选择竖直的中心线，再次镜像得到 8 个点，如图 3-15 所示。

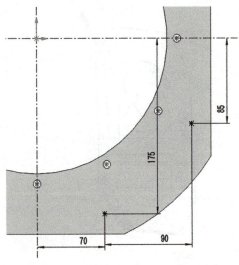

图 3-14  绘制两个沉孔位置点的草图

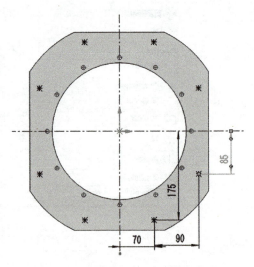

图 3-15  镜像完成 8 个沉孔位置点的草图

## 二、创建沉孔

### 1. 设置沉孔参数

创建沉孔的方法如下：

- 在菜单栏中单击【插入】→【特征】→【孔向导】。
- 单击【特征】选项卡中的【异型孔向导】按钮。

在【孔规格】对话框中，进行参数设置，如图3-16所示。

### 2. 确定孔的位置

完成【孔规格】的参数设置后，单击【位置】选项卡，在图形区将鼠标光标定在绘制完成的8个点的位置，单击8个点，如图3-17所示。

设置完毕后，单击【确定】按钮，生成图3-18所示沉孔。

图3-16 【孔规格】对话框

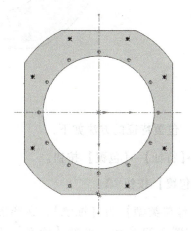
图3-17 定位沉孔的8个位置点

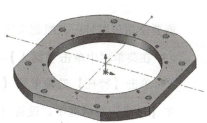
图3-18 生成沉孔

## 任务五 雕 刻

完成底盘法兰盖三维建模之后，再在其端面雕刻"工业机器人"字样，如图3-19所示。

项目三 任务五

### 1. 选择草图平面

在生成的长方体上，选择上表面为草绘平面。

### 2. 绘制文字图案

单击【圆心/起/终点画弧】按钮，绘制R165mm的圆弧，并把圆弧转换成构造线。单击【文本】按钮，弹出【草图文字】对话框，打开【曲线】选项组，在图形区选择R165mm圆弧；打开

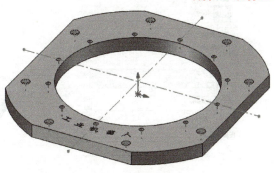
图3-19 雕刻文字

【文字】选项组，输入"工业机器人"，如图3-20所示。

单击【字体】按钮，设置【字体】为"宋体""初号"，单击【确定】按钮 ✓，完成文字图案的创建，如图3-21所示。单击【退出草图】按钮，退出草绘环境。

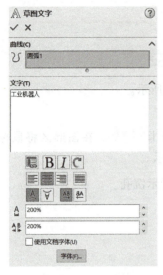

图3-20 【草图文字】对话框

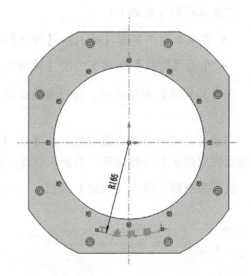

图3-21 绘制文字图案

### 3. 雕刻文字图案

需要使用包覆特征来雕刻文字。包覆特征的方法如下：

- 在菜单栏中单击【插入】→【特征】→【包覆】按钮。
- 单击【特征】选项卡的【包覆】按钮 。

在【包覆】对话框中，设置【包覆类型】为【蚀雕】，在图形区选择底盘法兰盖的上端面，输入蚀雕深度为"2mm"，如图3-22所示。单击【确定】按钮，完成文字图案的雕刻，如图3-23所示。

图3-22 【包覆】对话框

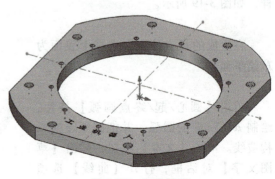

图3-23 完成雕刻

**现场经验**

解决模型不显示螺纹线的方法。选择 FeatureManager 设计树中的螺纹孔特征，单击鼠标右键，单击【编辑特征】按钮，打开【孔规格】对话框，勾选【装饰螺纹线】☑装饰螺纹线。选择 FeatureManager 设计树中的【注解】图标，单击鼠标右键出现快捷菜单，单击 细节...(A)，出现【注解属性】对话框，同时勾选【装饰螺纹线】☑装饰螺纹线(C) 和【上色的装饰螺纹线】☑上色的装饰螺纹线(I) 复选框，单击【确定】按钮 确定，螺纹线即可正确显示。

利用 SOLIDWORKS 文字草图建立特征，系统若提示"不能从交叉或开环轮廓生成"，可以通过更换字体、改变文字排列方式或选择【解散草图文字】命令等方式，对草图文字进行适当修改，以消除文字草图的自相交叉或开环轮廓。

**项目拓展**

### 一、异型孔引导

#### 1. 孔规格

异型孔特征用于在平面上创建柱形沉孔、锥形沉孔、孔、直螺纹孔、锥形螺纹孔、旧制孔、柱孔槽口、锥孔槽口、槽口九种类型的孔。每种类型都有相应的剖面图。【孔规格】对话框中的部分选项介绍如下：

1)【标准】：有多种工业标准可供选择，如【GB】【ISO】等。
2)【大小】：可以选择孔的尺寸。
3)【终止条件】：
a.【给定深度】：设置不通孔的深度。
b.【完全贯穿】：从所选择的基准面延伸特征直到穿过所有实体。
c.【成形到下一面】：使特征延伸到所选择的基准面的下一平面或曲面。
d.【成形到一顶点】：使特征从草图基准面延伸到一个平面，这个平面平行于草图基准面且穿越指定的顶点。
e.【成形到一面】：从所选择的基准面延伸特征到指定的一平面或曲面。
f.【到离指定面指定的距离】：从所选择的基准面延伸特征到指定的一平面或曲面的指定距离。

#### 2. 位置

异型孔生成后，可以转换到【位置】选项卡，可以使用【草图】选项卡中的【智能尺寸】来定位孔的中心点，如图 3-24 所示。

### 二、特征阵列

特征阵列用于将任意特征作为原始样本特

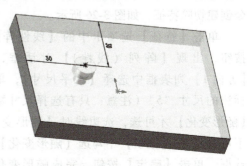

图 3-24 异型孔的定位

征，通过指定阵列尺寸产生多个类似的子样本特征。特征阵列完成后，原始样本特征和子样本特征成为一个整体，用户可将它们作为一个特征进行相关的操作，如删除、修改等。如果修改了原始样本特征，则阵列中的所有子样本特征也随之更改。

建模过程中，线性阵列较为常用。线性阵列主要通过设置阵列方向、特征之间的间距以及实例数来完成，执行【线性阵列】命令后，出现【阵列（线性）】对话框，在【方向1】和【方向2】中分别选择图3-25所示的边线，其他参数选用默认值，如图3-25所示。

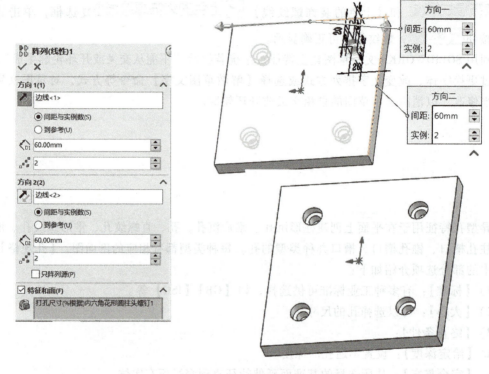

图3-25　基本线性阵列实例

选择【随形变化】可使阵列实例重复时改变其尺寸。生成基体零件，拉伸直角三角特征，该特征厚度为5mm，在直角三角形的表面上绘制一梯形草图，使用【拉伸切除】命令创建切除特征，如图3-26所示。

单击【特征】选项卡中的【线性阵列】按钮，出现【阵列（线性）】对话框，在【方向1】列表框中选择【水平尺寸】，单击标注的尺寸"5"（注意：只有选择尺寸数据【随形变化】才可选，选边线时【随形变化】不可选），在【选项】中勾选【随形变化】复选框，单击【确定】按钮，完成随形变化阵列，如图3-27所示。

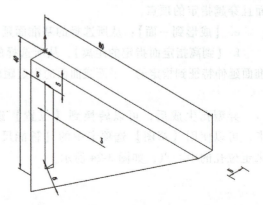

图3-26　有梯形槽的三角形基体

项目三 底盘法兰盖数字化设计

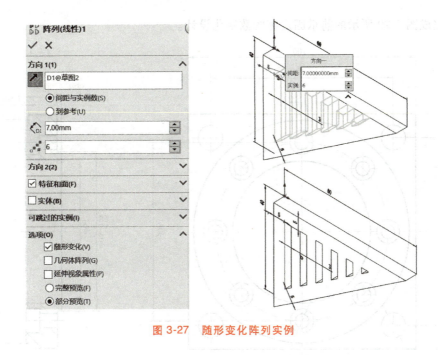

图 3-27 随形变化阵列实例

## 练 习 题

1）完成图 3-28 所示前爪法兰侧盖的数字化设计。

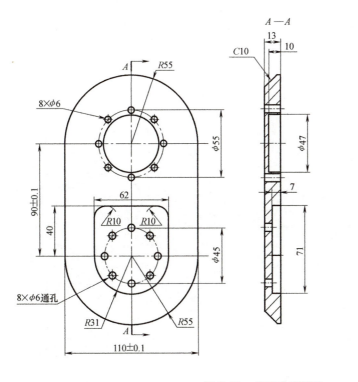

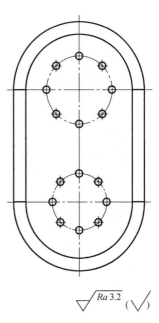

图 3-28 前爪法兰侧盖

2）完成图 3-29 所示的前爪固定座的数字化设计。

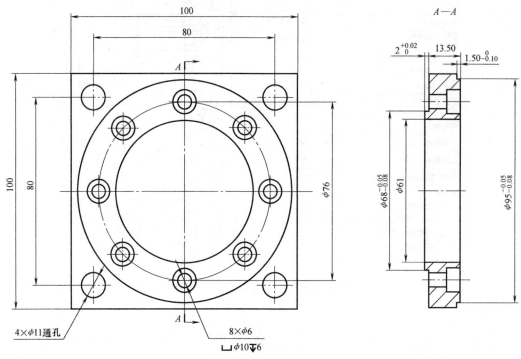

图 3-29　前爪固定座

# 项目四　大手臂数字化设计

> **学习目标**
>
> 1）了解基准面的创建方法。
> 2）熟悉创建放样凸台/基体特征、镜像特征的操作方法。
> 3）掌握用特征进行参数化设计的方法。

> **项目引入**

大手臂是六轴机器人的重要组成部件,其主要作用是引导机械手准确地夹住工件,并运送到所需要的位置上,其零件图和模型图如图 4-1 所示。本项目要求完成该零件的三维数字化设计。

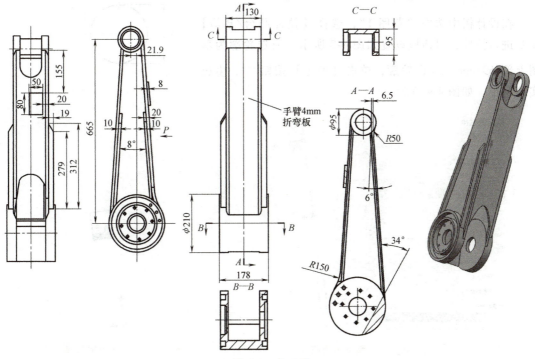

图 4-1　大手臂

59

### 项目分析

如图 4-1 所示，大手臂零件基本左右对称，因此，先建立左侧特征。首先由截面圆拉伸创建出大手臂一侧的上下圆柱。然后，通过放样凸台特征创建圆柱间的连接板，接着创建板侧加强筋和底部圆柱端的环形槽；对创建的实体进行镜像，初步生成模型结构。最后，对模型的其他部分进行完善。

### 项目实施

本项目由创建拉伸基体、放样凸台、镜像特征等任务组成，具体的任务如下。

## 任务一　创建拉伸基体

### 一、草图绘制

1）建立新文件并命名。
2）确定草图基准面。选择【右视基准面】作为镜像对称面绘制草图，进入草图绘制环境。
3）绘制拉伸圆柱基体的草图，如图 4-2 所示。退出草绘环境，此时在设计树 中显示已完成的"草图 1"的名称。

### 二、生成拉伸基体

#### 1. 创建上部圆柱特征

在设计树中选中"草图 1"，选择【拉伸凸台/基体】命令进行拉伸，对话框设置如图 4-3 所示，所选轮廓为草图上部 φ95mm 的小圆轮廓，单击【确定】按钮 ，生成实体特征，如图 4-4 所示。

图 4-2　圆柱基体的草图 1

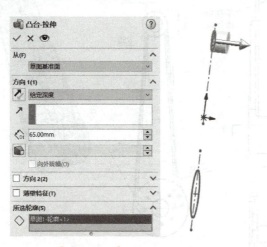

图 4-3　【凸台-拉伸】对话框及效果预览（一）

图 4-4　生成的拉伸特征（一）

### 2. 创建下部圆柱特征

再次选中"草图1",选择【拉伸凸台/基体】命令进行拉伸,对话框设置如图4-5所示,所选轮廓为草图下部φ210mm的大圆轮廓,生成实体特征,如图4-6所示。

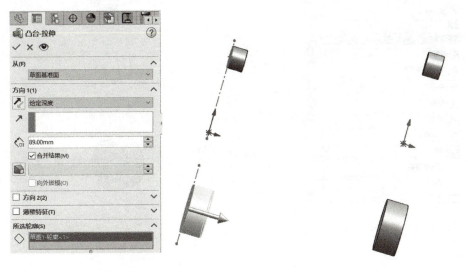

图4-5  【凸台-拉伸】对话框及效果预览(二)　　　图4-6  生成的拉伸特征(二)

## 任务二  放样凸台生成连接板

项目四  任务二

### 一、绘制引导线草图

#### 1. 绘制基准面

创建新的基准面作为新的草图绘制平面,基准面的创建方法如下:

> - 在菜单栏中单击【插入】→【参考几何体】→【基准面】按钮。
> - 单击【特征】选项卡/工具栏中的【参考几何体】下拉箭头下的【基准面】按钮 ▮ 。

【基准面】对话框中的参数设置如图4-7所示,设置完毕后,单击【确定】按钮 ✓,创建"基准面1",如图4-8所示。

#### 2. 绘制引导线

以"基准面1"作为草图平面,绘制两圆的公切线,分别为图4-9所示的"草图2",图4-10所示的"草图3",作为放样凸台的引导线。

### 二、创建放样特征

#### 1. 创建基准面

创建"基准面2"和"基准面3"绘制放样凸台轮廓草图。单击【特征】选项卡中的【基准面】按钮 ▮ ,出现【基准面】对话框,参数设置如图4-11所示。设置完毕后,单击

图 4-7 【基准面】对话框

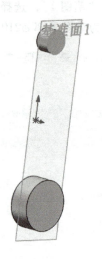

图 4-8 创建的"基准面 1"

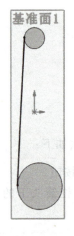

图 4-9 引导线"草图 2"

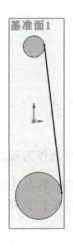

图 4-10 引导线"草图 3"

【确定】按钮 ✓，创建"基准面 2"，如图 4-12 所示。以相同方法创建"基准面 3"，参数设置如图 4-13 所示，创建"基准面 3"如图 4-14 所示。

2. 草图绘制

选取"基准面 2"为绘制草图平面。为绘图方便，显示视图的线架图，单击【特征】选项卡中【显示类型】按钮 右侧的下拉箭头，单击【线架图】按钮 即可。绘制的"草图 4"，作为第一个放样草图轮廓，如图 4-15 所示。选取"基准面 3"绘制"草图 5"，作为第二个放样草图轮廓，如图 4-16 所示。

项目四　大手臂数字化设计

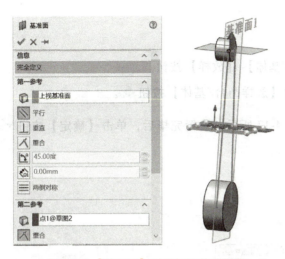

图 4-11 【基准面】对话框及效果预览

图 4-12 "基准面 2"

图 4-13 【基准面】对话框及效果预览

图 4-14 "基准面 3"

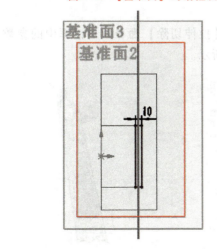

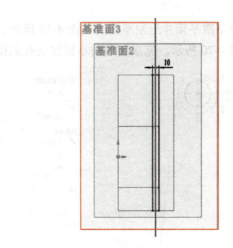

图 4-15 "草图 4"

图 4-16 "草图 5"

63

### 3. 完成放样凸台特征创建

【放样】命令的使用方法如下：

> - 在菜单栏中单击【插入】→【凸台/基体】→【放样】按钮。
> - 单击【特征】选项卡/工具栏中的【放样凸台/基体】按钮 。

出现【放样】对话框，参数设置如图 4-17 所示。设置完毕后，单击【确定】按钮 ，完成放样特征的创建，如图 4-18 所示。

 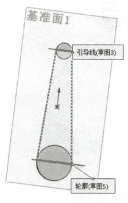 

图 4-17 【放样】对话框及效果预览　　　　　　图 4-18 放样特征

## 任务三　创建其他对称特征

### 一、创建小圆柱拉伸切除特征

#### 1. 创建小圆柱通孔

选择草图平面并绘制草图，如图 4-19 所示。选择【拉伸切除】命令，对话框中的参数设置如图 4-20 所示。完成创建的小圆柱通孔如图 4-21 所示。

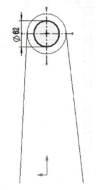  

图 4-19 小圆柱通孔草图　　　图 4-20 【切除-拉伸】对话框　　　图 4-21 小圆柱通孔

### 2. 创建小圆柱阶梯孔

选择草图平面并绘制草图，如图 4-22 所示。选择【拉伸切除】命令，对话框中的参数设置如图 4-23 所示。完成创建的小圆柱阶梯孔如图 4-24 所示。

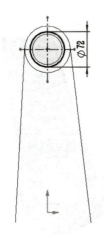

图 4-22　阶梯孔草图　　　图 4-23　【切除-拉伸】对话框　　　图 4-24　小圆柱阶梯孔

## 二、创建大圆柱拉伸切除特征

### 1. 创建大圆柱通孔

绘制图 4-25 所示草图。选择【拉伸切除】命令，对话框中的参数设置如图 4-26 所示。完成创建的大圆柱通孔如图 4-27 所示。

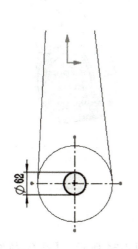

图 4-25　大圆柱通孔草图　　　图 4-26　【切除-拉伸】对话框　　　图 4-27　大圆柱通孔

### 2. 创建阶梯孔

绘制图 4-28 所示草图。选择【拉伸切除】命令，对话框中的参数设置如图 4-29 所示。完成创建的大圆柱阶梯孔如图 4-30 所示。

### 3. 创建环形槽

绘制图 4-31 所示草图。选择【拉伸切除】命令，对话框中的参数设置如图 4-32 所示。完成创建的环形槽如图 4-33 所示。

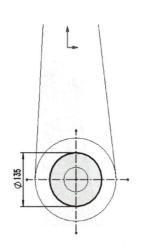

图 4-28　大圆柱阶梯孔草图　　　图 4-29　【切除-拉伸】对话框　　　图 4-30　大圆柱阶梯孔

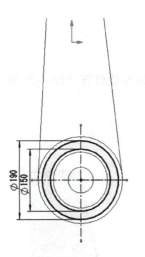

图 4-31　环形槽草图　　　图 4-32　【切除-拉伸】对话框　　　图 4-33　环形槽

## 三、连接板上加强筋的创建

### 1. 拉伸创建加强筋

以连接板草图所在平面作为草图平面，绘制加强筋草图，如图 4-34 所示。【凸台-拉伸】对话框中的设置如图 4-35 所示。创建的加强筋如图 4-36 所示。

### 2. 创建加强筋倒角

选择【倒角】命令，对话框中的参数设置如图 4-37 所示，单击【确定】按钮，生成倒角，完成加强筋实体生成，如图 4-38 所示。

项目四 大手臂数字化设计

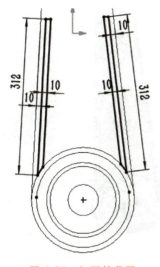  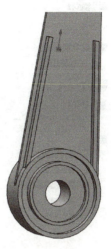

图 4-34 加强筋草图　　　　图 4-35 【凸台-拉伸】对话框　　　　图 4-36 加强筋

图 4-37 【倒角】对话框及效果预览　　　　图 4-38 倒角后的加强筋

## 任务四　创建镜像实体

【镜像】命令的使用方法如下：

- 在菜单栏中单击【插入】→【阵列/镜像】→【镜像】按钮。
- 单击【特征】选项卡/工具栏中的【线性阵列】按钮 下拉菜单中的【镜像】按钮 。

项目四
任务四

执行【镜像】命令后，出现【镜像】对话框，对话框中的参数设置如图 4-39 所示。生成的镜像实体如图 4-40 所示。

67

图 4-39 【镜像】对话框　　　　图 4-40 镜像实体

## 任务五　完善模型其他特征

### 一、创建封板特征

#### 1. 拉伸生成封板

选择放样凸台侧面为草图绘制平面，绘制图 4-41 所示草图。【凸台-拉伸】对话框中的参数设置如图 4-42 所示。生成的封板如图 4-43 所示。

项目四
任务五

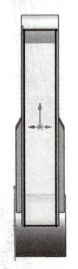
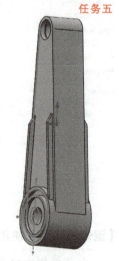

图 4-41 封板草图（一）　　图 4-42 【凸台-拉伸】对话框　　图 4-43 生成封板

#### 2. 拉伸生成另一侧封板

选择放样凸台另一侧面为草图绘制平面，绘制图 4-44 所示草图。【凸台-拉伸】对话框中的参数设置如图 4-45 所示。生成的另一侧封板如图 4-46 所示。

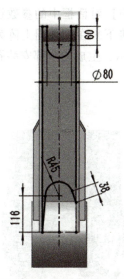

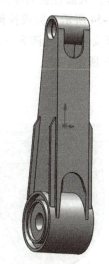

图 4-44　封板草图（二）　　　图 4-45　【凸台-拉伸】对话框　　　图 4-46　生成另一侧封板

## 二、完成圆柱上的拉伸切除特征

### 1. 小圆柱内部拉伸切除

选择"右视基准面"为草图平面，绘制图 4-47 所示草图。【切除-拉伸】对话框中的参数设置如图 4-48 所示，完成创建小圆柱内拉伸切除特征。切除后效果图如图 4-49 所示。

图 4-47　小圆柱面拉伸切除草图　　　图 4-48　【切除-拉伸】对话框　　　图 4-49　小圆柱内部切除

### 2. 大圆柱内部拉伸切除

选择"右视基准面"为草图平面，绘制图 4-50 所示草图。【切除-拉伸】对话框中的参数设置如图 4-51 所示，完成创建大圆柱内拉伸切除特征。切除后效果图如图 4-52 所示。

### 3. 创建大圆柱安装孔

选择大圆柱面为草图平面，绘制图 4-53 所示草图。【切除-拉伸】对话框中的参数设置如图 4-54 所示。完成拉伸切除，生成圆孔特征，如图 4-55 所示。接下来在大圆周上阵列生成全部安装孔。【阵列（圆周）】对话框中的参数设置如图 4-56 所示，生成的全部安装孔如图 4-57 所示。

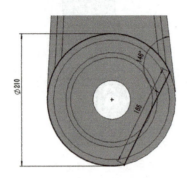
图 4-50　大圆柱面拉伸切除草图

图 4-51　【切除-拉伸】对话框

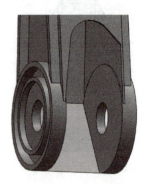
图 4-52　大圆柱内部切除

图 4-53　安装孔草图

图 4-54　【切除-拉伸】对话框

图 4-55　生成安装孔

图 4-56　【阵列（圆周）】对话框

图 4-57　阵列安装孔

## 4. 生成倒角

选择图 4-58 所示边线生成倒角。倒角效果如图 4-59 所示。

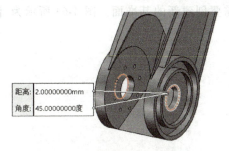 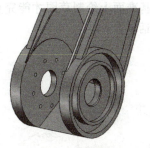

图 4-58　选择倒角边线　　　　　图 4-59　倒角效果图

## 5. 生成圆角边线

选择图 4-60 所示边线生成圆角特征。最后生成的完整模型如图 4-61 所示。

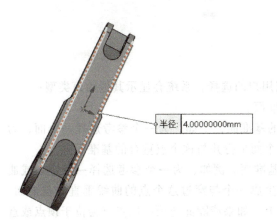 

图 4-60　选择圆角边线　　　　　图 4-61　生成完整模型

### 现场经验

SOLIDWORKS 系统默认常用的快捷键如下：

1）旋转模型用四个方向键，平移模型用<Ctrl>+方向键。

2）整屏幕显示用<F>键；缩小用<Z>键；放大模型用<Ctrl+Z>键；调出放大镜用<G>键。

3）返回上一页视图用<Ctrl+Shift+Z>键，调出视图定向菜单用空格键。

### 项目拓展

## 一、基准面

基准面主要应用于零件图和装配图中，可以利用基准面来绘制草图，生成模型的剖视图，用于拔模特征中的中性面等。

SOLIDWORKS 提供了"前视基准面""上视基准面"和"右视基准面"三个默认的相

互垂直的基准面，如图 4-62 所示。通常情况下，用户在这三个基准面上绘制草图，然后使用特征命令创建实体模型即可。但是，对于一些特殊的特征，如扫描特征和放样特征，需要在不同的基准面上绘制草图才能完成建模，这就需要创建新的基准面。图 4-63 所示为【基准面】对话框。

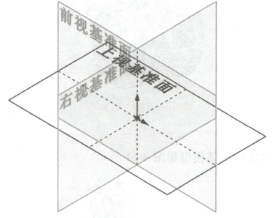

图 4-62　系统默认基准面

图 4-63　【基准面】对话框

选择【第一参考】来定义基准面时，根据用户的选择，系统会显示其他约束类型：

1)【重合】：生成一个穿过选定参考的基准面。

2)【平行】：生成一个与选定基准面平行的基准面，例如，为一个参考选择一个面，为另一个参考选择一个点，系统会生成一个与这个面平行并与这个点重合的基准面。

3)【垂直】：生成一个与选定参考垂直的基准面。例如，为一个参考选择一条边线或曲线，为另一个参考选择一个点或顶点。系统会生成一个与穿过这个点的曲线垂直的基准面。将原点设在曲线上会将基准面的原点放在曲线上。如果清除此选项，原点就会位于顶点或选择的点上。

4)【投影】：将单个对象（如点、顶点、原点或坐标系）投射到空间曲面上。

5)【相切】：生成一个与圆柱面、圆锥面、非圆柱面以及空间面相切的基准面。

6)【两面夹角】：生成一个基准面，它通过一条边线、轴线或草图线，并与一个圆柱面或基准面成一定角度。可以指定要生成的基准面数。

7)【偏移距离】：生成一个与某个基准面或面平行，并偏移指定距离的基准面。可以指定要生成的基准面数。

8)【两侧对称】：在平面、参考基准面以及三维草图基准面之间生成一个两侧对称的基准面。对两个参考都选择两侧对称。

选择【第二参考】和【第三参考】来定义基准面时，这两个参数中包含与【第一参考】中相同的选项，具体情况取决于用户的选择和模型几何体。根据需要设置这两个参考来生成所需的基准面。信息框会报告基准面的状态。基准面状态必须是完全定义，才能生成基准面。

## 二、放样凸台/基体特征

放样凸台/基体特征是将一个草图沿着指定轨迹移动，在移动的过程中均匀变形，移动到终点时，变成终点的图形，在这个过程中草图截面扫过的空间形成实体。第一个和最后一个截面可以是点。

放样凸台/基体特征的创建步骤如下：

1) 建立草图。绘制一个顶面的草图。
2) 建立草图。绘制一个底面的草图。
3) 建立草图。绘制放样轨迹曲线（本步骤可以省略，如果省略，则默认为沿草图界面的垂直方向进行放样）。

【放样凸台/基体】命令有三种放样方式：简单放样、带引导线放样和带中心线放样。

### 1. 简单放样

简单放样是由两个或两个以上的截面形成特征，系统自动生成中间截面，例如，顶面的草图为正方形，底面的草图为圆形。两个面之间的距离为100mm。单击【特征】工具栏中的【放样凸台/基体】按钮，出现【放样】对话框，在【轮廓】列表框中选取两个草图，单击【确定】按钮，完成创建放样特征，如图4-64所示。

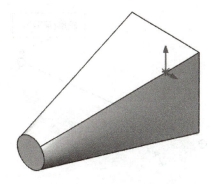

图4-64 简单放样

### 2. 带引导线的放样

如果采用简单放样生成的实体不符合要求，可通过一条或多条引导线来控制中间截面生成放样特征。使用引导线方式创建放样特征时，引导线必须与所有轮廓相交。不带引导线放样和带引导线放样的区别如图4-65所示。

### 3. 带中心线的放样

可以生成一个使用一条变化的引导线作为中心线的放样。所有中间截面的草图基准面都与此中心线垂直，不带中心线放样和带中心线放样的区别如图4-66所示。

## 三、特征镜像

在工业应用或日常生活中经常可以看到一些零件具有左右对称的结构，对于这一类零件的建模，大多可以采用镜像特征。镜像是指将一个或多个特征沿着一个类似于平面镜功能的平面进行复制，在平面的另外一侧生成一个或多个该特征的镜像特征。

建立镜像特征必须要有一个作为"镜面"的平面，该平面可以是基准面，也可以是模型的平面表面。

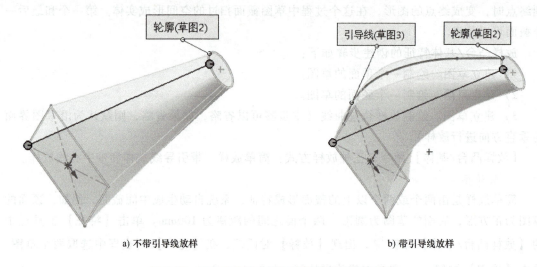

图 4-65　不带引导线放样和带引导线放样的区别

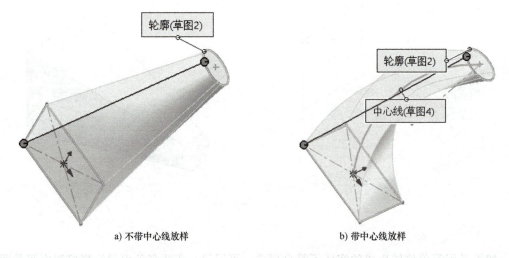

图 4-66　不带中心线放样和带中心线放样的区别

【镜像】对话框如图 4-67 所示。其中常用的选项组有【镜像面/基准面】和【要镜像的特征】。【镜像面/基准面】是指以哪个面作为"镜面",可以选择基准面,也可以选择已经有模型的平面表面。【要镜像的特征】是指需要将哪个或哪些特征进行镜像操作。如图 4-67 所示,【镜像面/基准面】设置为【右视基准面】,【要镜像的特征】选取柱形沉头孔。单击【确定】按钮 ✓ ,完成镜像操作。

## 四、自定义快捷键和快捷栏

熟练使用快捷键是提高工作效率的有效途径。下面介绍如何自定义快捷键和快捷栏。

### 1. 自定义快捷键

在菜单栏中单击【工具】→【自定义】按钮 自定义(Z)... 。在出现的【自定义】对话框中,选择【键盘】选项卡,在【命令】列表中找到需要设定快捷键的命令,在【快捷键】列表

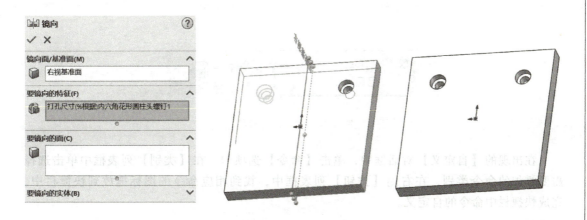

图 4-67 镜像实例

中输入相应的键,如图 4-68 所示。单击【确定】按钮,完成快捷键的自定义。

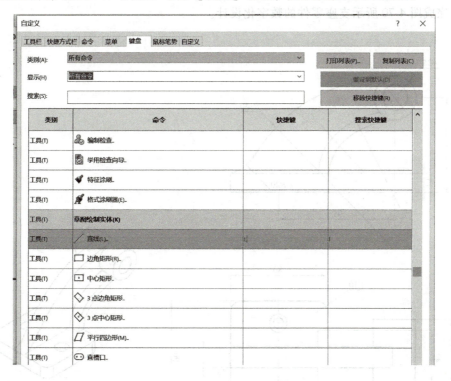

图 4-68 【自定义】对话框

2. 自定义快捷栏

方法如下:

- 在菜单栏中单击【工具】→【自定义】按钮 自定义(Z)...,选择【快捷方式栏】选项卡。
- 在图形区域中不选择任何对象,按<S>键,调出【快捷栏】,用鼠标右键单击屏幕上显示的默认快捷栏,选择【自定义】,如图 4-69 所示。

图 4-69　自定义快捷栏

在出现的【自定义】对话框中，单击【命令】选项卡，在【类别】列表框中单击选择需要添加的命令类别，在右侧【按钮】列表框中，找到相应命令的图标拖放到快捷栏中，完成快捷栏中命令的自定义。

## 练 习 题

1）完成图 4-70 所示支座零件的数字化设计。

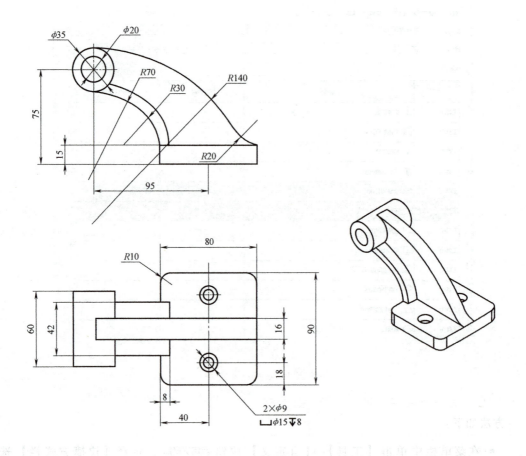

图 4-70　支座

2）完成图 4-71 所示零件的数字化设计。

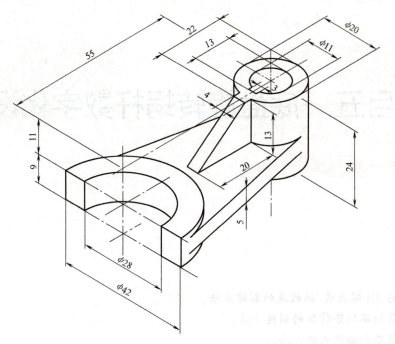

图 4-71　练习

# 项目五　底盘旋转蜗杆数字化设计

> **知识目标**

1) 熟悉3D螺旋线/涡状线的创建方法。
2) 熟悉扫描切除特征的创建方法。
3) 掌握基准轴的创建方法。

> **技能目标**

1) 具有使用基准轴辅助进行参数化设计的能力。
2) 具有使用扫描切除特征进行参数化设计的能力。
3) 具有使用3D螺旋线/涡状线辅助进行参数化设计的能力。

> **项目引入**

本项目要求完成底盘旋转蜗杆零件的三维数字化设计，它是机械臂中非常重要的传动零件，如图5-1所示。

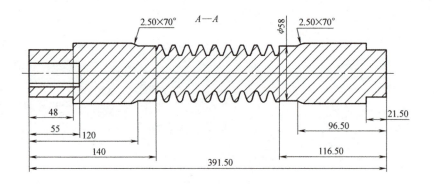
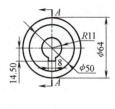

技术要求
1. 螺纹参数：$m=5$。
2. 未注倒角为0.5×0.5。

图 5-1　底盘旋转蜗杆

> **项目分析**

底盘旋转蜗杆的外形通过旋转凸台得到；槽通过拉伸切除得到；中间的螺纹先通过绘制 3D 螺旋线，然后扫描切除后得到；最后进行倒角，从而完成底盘旋转蜗杆的三维数字化设计。

> **项目实施**

本项目由创建 3D 螺旋线/涡状线、扫描切除、特征扫描、基准轴等任务组成，具体的任务如下。

## 任务一　旋转凸台生成基本体

项目五
任务一~三

### 一、进入草绘环境

1）新建文件并命名。
2）确定草图基准面。选择【上视基准面】，进入草绘环境。

### 二、绘制轮廓线

#### 1. 绘制中心线

过坐标系原点绘制一条水平方向的中心线，如图 5-2 所示。

图 5-2　绘制水平中心线

#### 2. 绘制轮廓线草图

绘制图 5-3 所示轮廓线草图。

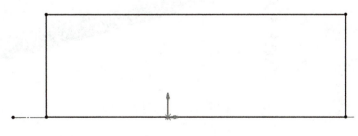

图 5-3　绘制轮廓线草图

#### 3. 标注尺寸并添加几何关系

按图 5-4 所示进行尺寸标注。添加完几何关系后，草图全部为黑色，说明完全定义。

79

图 5-4　标注尺寸

### 三、退出草绘环境

单击图形区右上角的按钮 ，退出草绘环境。此时，设计树 中显示已完成的"草图 1"的名称。

### 四、旋转生成基本体

选择设计树 中的"草图 1"，用【旋转凸台/基体】命令生成实体。其对话框中的参数设置和图形预览如图 5-5 所示。设置完毕后，单击【确定】按钮 ，生成旋转实体特征。

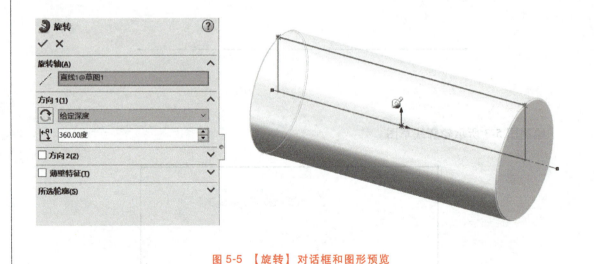

图 5-5　【旋转】对话框和图形预览

## 任务二　创建基准面

打开【基准面】对话框，以【右视基准面】为参考面，建立一个距参考面 75mm 的基准面，具体参数设置如图 5-6 所示。

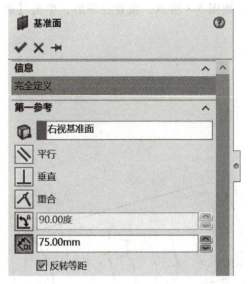 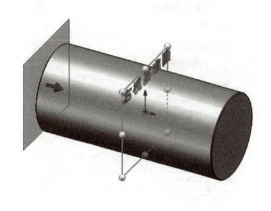

图 5-6 【基准面】对话框和效果预览

## 任务三　创建螺旋线

### 一、绘制草图

1. 确定草绘平面

选择新创建的基准面为草绘平面。

2. 绘制圆

绘制一个图 5-7 所示的圆，并标注尺寸。

3. 退出草绘环境

单击图形区右上角的按钮 ，退出草绘环境。此时，设计树 中显示已完成的"草图2"的名称。

### 二、绘制螺旋线

1. 选择草图

单击选择设计树 中的"草图2"。

2. 绘制螺旋线

绘制螺旋线的方法如下：

- 在菜单栏中单击【插入】→【曲线】→【螺旋线/涡状线】按钮。
- 单击【特征】选项卡/工具栏中的【曲线】按钮下方的下三角按钮，在弹出的下拉列表中单击【螺旋线/涡状线】按钮 。

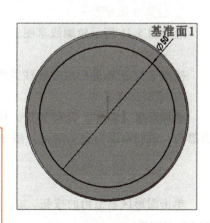

图 5-7　绘制圆并标注尺寸

在【螺旋线/涡状线】对话框中设置相应参数，如图 5-8 所示。设置完毕后，单击【确定】按钮 ✓，完成效果如图 5-9 所示。

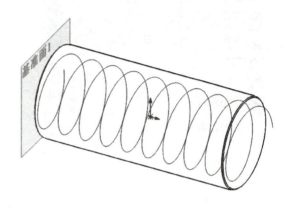

图 5-8 【螺旋线/涡状线】对话框    图 5-9 完成绘制的螺旋线

## 任务四　扫描切除生成螺纹

### 一、绘制截面草图

**1. 确定草绘平面**

选择【上视基准面】为草绘平面，进入草绘环境。

**2. 绘制中心线**

绘制图 5-10 所示的中心线。

**3. 绘制草图轮廓**

绘制图 5-11 所示轮廓线草图。

**4. 尺寸标注**

按图 5-12 所示进行尺寸标注并倒圆角。

**5. 添加几何关系**

添加两组【对称】几何关系，使草图关于竖直中心线左右对称。此时，草图线条颜色为黑色，说明草图为完全定义。添加完成几何关系的草图如图 5-13 所示。

### 二、退出草绘环境

单击图形区右上角的按钮 ，退出草绘环境。此时，设计树 中显示已完成的"草图3"的名称。

项目五
任务四~六

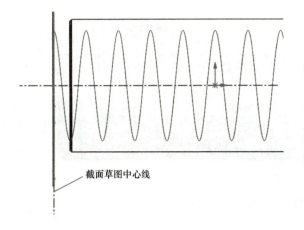

图 5-10 绘制截面草图中心线

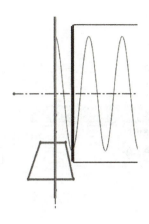

图 5-11 绘制截面轮廓线

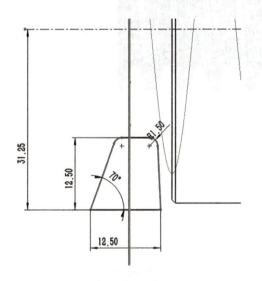

图 5-12 截面尺寸标注

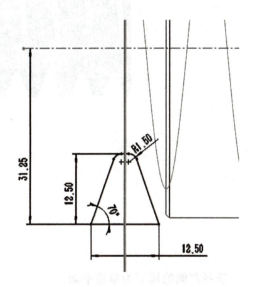

图 5-13 完全定义的截面草图

## 三、扫描切除生成螺纹

扫描切除的操作方法如下:

- 在菜单栏中单击【插入】→【切除】→【扫描】按钮。
- 单击【特征】选项卡/工具栏中的【扫描切除】按钮 。

在【切除-扫描】对话框中的【轮廓和路径】选项组中选择"草图 3"为轮廓,【螺旋线/涡状线】为路径,具体设置和效果预览如图 5-14 所示。设置完毕后,单击【确定】按钮 ,绘制完成的效果如图 5-15 所示。

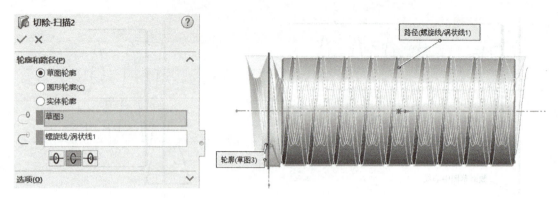

图 5-14 【切除-扫描】对话框和效果预览

图 5-15 扫描切除生成螺纹

## 任务五 拉伸生成左侧阶梯轴

### 一、绘制草图并退出草绘环境

**1. 确定草绘平面**

选择左侧的端面为草绘平面。

**2. 绘制圆**

绘制一个图 5-16 所示的圆,并标注尺寸,添加坐标系原点与圆心的【重合】几何关系。

**3. 退出草绘环境**

单击图形区右上角的按钮 ,退出草绘环境。此时,设计树 中显示已完成的"草图 4"的名称。

### 二、拉伸生成左侧靠近螺纹圆柱体

选择设计树 中的"草图 4"进行拉伸。打开【凸台-拉伸】对话框,具体参数设置如图 5-17 所

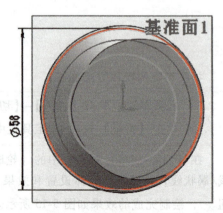

图 5-16 左侧端面草绘圆

示。单击【确定】按钮✓，完成圆柱体的创建。

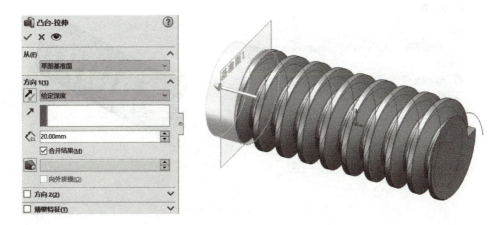

图 5-17 【凸台-拉伸】对话框和效果预览

### 三、拉伸生成左侧大圆柱体

#### 1. 确定草绘平面
选择左侧的端面为草绘平面。

#### 2. 绘制圆
以坐标系原点为圆心，绘制一个图 5-18 所示的圆，并标注尺寸。

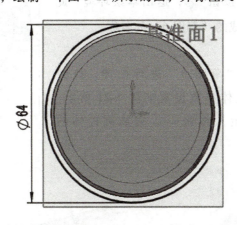

图 5-18 左侧大圆柱体草图

#### 3. 退出草绘环境
单击图形区右上角的按钮，退出草绘环境。此时，设计树中显示已完成的"草图 5"的名称。

#### 4. 拉伸生成圆柱体
选择设计树中的"草图 5"进行拉伸，打开【凸台-拉伸】对话框，具体参数设置如图 5-19 所示。单击【确定】按钮✓，完成圆柱体的创建。

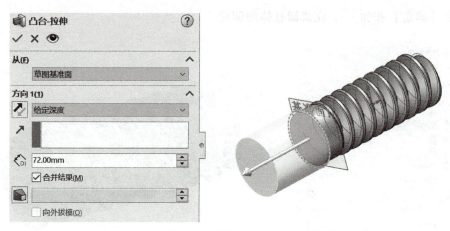

图 5-19 【凸台-拉伸】对话框和效果预览

## 四、绘制左端圆柱体

### 1. 确定草绘平面
选择左侧的端面为草绘平面。

### 2. 绘制圆
绘制一个图 5-20 所示的圆,并标注尺寸。

### 3. 退出草绘环境
单击图形区右上角的按钮 ,退出草绘环境。此时,设计树 中显示已完成的"草图 6"的名称。

### 4. 拉伸生成圆柱体
选择设计树 中的"草图 6"进行拉伸,打开【凸台-拉伸】对话框,具体参数设置如图 5-21 所示。设置完毕后,单击【确定】按钮 ,完成圆柱体的创建。

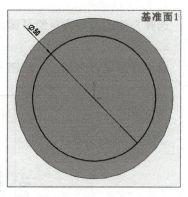

图 5-20 左端圆柱体草图

图 5-21 【凸台-拉伸】对话框和效果预览

# 任务六 拉伸生成右侧阶梯轴

## 一、绘制草图

### 1. 确定草绘平面
选择右侧端面为草绘平面。

### 2. 绘制圆
绘制一个图5-22所示的圆,并标注尺寸。

### 3. 退出草绘环境
单击图形区右上角的按钮 ，退出草绘环境。此时,设计树 中显示已完成的"草图7"的名称。

图5-22 右侧端面草绘圆

## 二、拉伸生成右侧靠近螺纹圆柱体

选择设计树 中的"草图7"进行拉伸,打开【凸台-拉伸】对话框,具体参数设置如图5-23所示。设置完毕后,单击【确定】按钮 ,完成圆柱体的创建。

图5-23 【凸台-拉伸】对话框和效果预览

## 三、拉伸生成右侧大圆柱体

### 1. 确定草绘平面
选择右侧端面为草绘平面。

### 2. 绘制圆
绘制一个图5-24所示的圆,并标注尺寸。

### 3. 退出草绘环境
单击图形区右上角的按钮 ,退出草绘环境。此时,设计树 中显示已完成的"草图8"的名称。

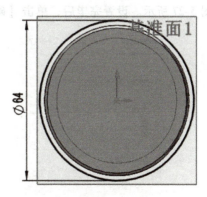

图5-24 右侧大圆柱体轮廓草图

**4. 拉伸生成圆柱体**

选择设计树中的"草图8"进行拉伸，打开【凸台-拉伸】对话框，具体参数设置如图5-25所示。设置完毕后，单击【确定】按钮，完成圆柱体的创建。

图 5-25 【凸台-拉伸】对话框和效果预览

## 四、拉伸生成右端圆柱体

**1. 确定草绘平面**

选择右侧的端面为草绘平面。

**2. 绘制圆**

绘制一个图5-26所示的圆，并标注尺寸。

**3. 退出草绘环境**

单击图形区右上角的按钮，退出草绘环境。此时，设计树中显示已完成的"草图9"的名称。

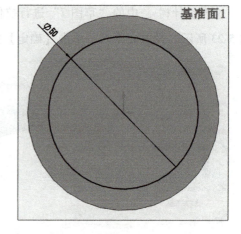

图 5-26 右端圆柱体轮廓草图

**4. 拉伸生成圆柱体**

选择设计树中的"草图9"进行拉伸，打开【凸台-拉伸】对话框，具体参数设置如图5-27所示。设置完毕后，单击【确定】按钮，完成圆柱体的创建。

图 5-27 【凸台-拉伸】对话框和效果预览

## 任务七  生成左端槽

### 一、槽草图绘制

**1. 确定草绘平面**

选择模型最左侧端面为草绘平面。

**2. 绘制中心线**

绘制图 5-28 所示的竖直中心线。

**3. 绘制轮廓草图**

绘制图 5-29 所示的轮廓草图。

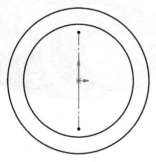

图 5-28  绘制竖直中心线

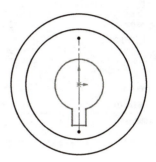

图 5-29  绘制轮廓草图

**4. 标注尺寸**

按图 5-30 所示尺寸进行标注。草图中有蓝色线条，说明草图为欠定义。

**5. 添加几何约束**

添加两条竖直线关于中心线的【对称】几何关系。添加几何关系后，全部显示为黑色线条，说明草图已经完全定义，如图 5-31 所示。

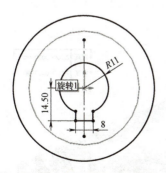

图 5-30  槽草图的尺寸标注

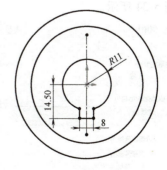

图 5-31  添加几何关系

### 二、退出草绘环境

单击图形区右上角的按钮 ，退出草绘环境。此时，设计树 中显示已完成的"草图 10"的名称。

### 三、拉伸切除生成槽

选择设计树中的"草图10"进行拉伸切除。在【切除-拉伸】对话框中,设置终止条件为【给定深度】,在【深度】文本框中输入"55mm",如图5-32所示。设置完毕后,单击【确定】按钮✓。拉伸切除生成的槽如图5-33所示。

图5-32 【切除-拉伸】对话框

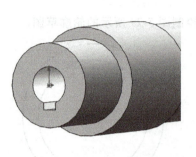

图5-33 拉伸切除生成的槽

## 任务八 底盘螺旋蜗杆倒角

### 一、左侧靠近螺纹端倒角

在左侧靠近螺纹端生成一个2.5mm×70°的斜角,【倒角】对话框中的参数设置和效果预览图如图5-34所示。

图5-34 左侧靠近螺纹端倒角

## 二、右侧靠近螺纹端倒角

在右侧靠近螺纹端生成一个 2.5mm×70°的斜角,【倒角】对话框中的参数设置和效果预览图如图 5-35 所示。

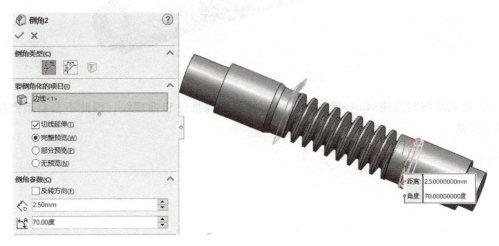

图 5-35　右侧靠近螺纹端倒角

## 三、其余倒 45°角

其余部分倒 45°角,【倒角】对话框中的参数设置和效果预览图如图 5-36 所示。底盘螺旋蜗杆建模完成后的效果如图 5-37 所示。

图 5-36　其余部分倒角

### 现场经验

1)实体的选择技巧。单击鼠标右键,在快捷菜单中选择【选择其他】,就可以在鼠标光标所在位置上做穿越实体的循环选择操作。

2)对话框打开时,可以使用视图工具栏中的图标工具来调整模型的视角和方位。

图 5-37　底盘螺旋蜗杆效果图

3）绘制草图时按住<Ctrl>键，系统将不显示推理指针和推理线，因此不会自动产生几何约束关系。

### 项目拓展

### 一、扫描特征

#### 1. 扫描特征概述

扫描特征与拉伸特征有一定的相似之处，或者说扫描特征是广义上的拉伸特征，基本上所有拉伸生成的特征都可以由扫描来完成。虽然扫描的功能较拉伸强大，然而扫描要比拉伸操作起来更复杂，因此没有拉伸应用范围广。拉伸特征是草图沿着指定直线进行拉伸，草图扫过的空间区域作为实体（加材料）或删除扫过的空间区域（减材料）。而扫描特征是草图沿着指定的轨迹移动，草图扫过的空间区域作为实体（加材料）或删除扫过的空间（减材料）。建立拉伸特征时，一般只需要指定一个截面的草图，默认的拉伸方向是与草图所在平面的垂直方向。而建立扫描特征时，不但需要指定截面的草图，还需要指定扫描轨迹的草图。

注意：这里所说的"指定扫描轨迹"可以是任何空间连续的曲线，包括由三维草图生成的曲线。

#### 2. 扫描特征的操作步骤及注意事项

凸台/基体扫描特征属于叠加特征。创建凸台/基体扫描特征的操作步骤如下：

1）在一个基准面上绘制一个闭环的非相交轮廓。使用草图、现有的模型边线或曲线生成轮廓将遵循的移动路径，如图 5-38 所示。

2）【扫描】的操作方法如下：

- 在菜单栏中单击【插入】→【凸台/基体】→【扫描】按钮。
- 单击【特征】选项卡/工具栏中的【扫描】按钮 。

3）系统弹出【扫描】对话框，如图 5-39 所示。同时在右侧的图形区中显示生成的扫描特征。

4）单击【轮廓】按钮，在图形区中选择轮廓草图。

5）单击【路径】按钮，在图形区中选择路径草图。如果预先选择了轮廓草图或路径草图，则草图名称将显示在对应的文本框中。

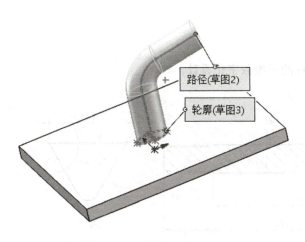

图 5-38 简单扫描特征

图 5-39 【扫描】对话框

6) 在【选项】中的【轮廓方位】和【轮廓扭转】下拉列表框中，选择以下选项之一。
①【随路径变化】：草图轮廓随路径的变化而变换方向，其法线与路径相切。
②【保持法向不变】：草图轮廓保持法线方向不变。

7) 如果要生成薄壁扫描特征，则选择【薄壁特征】复选框，从而激活薄壁选项，再选择薄壁类型（【单向】、【两侧对称】或【双向】）并设置薄壁厚度。

8) 扫描属性设置完毕后，单击【确定】按钮 ✓。

## 二、基准轴

创建基准轴的方法：

- 在菜单栏中单击【插入】→【参考几何体】→【基准轴】按钮。
- 单击【特征】选项卡/工具栏中【参考几何体】按钮下方的下三角按钮，在弹出的下拉列表中单击【基准轴】按钮。

弹出【基准轴】对话框，如图 5-40 所示。创建的基准轴如图 5-41 所示。

图 5-40 【基准轴】对话框

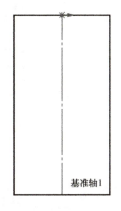

图 5-41 创建的基准轴

## 练 习 题

1）完成图 5-42 所示夹头装配体连接螺杆的三维数字化设计。

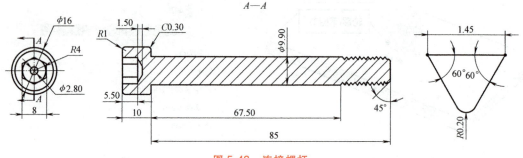

图 5-42 连接螺杆

2）完成图 5-43 所示弹簧实体及建模，螺距为 10mm，高度为 60mm，线径为 3mm，中径为 30mm，右旋。

图 5-43 弹簧

# 项目六　底座数字化设计

> **学习目标**
>
> 1）了解 2D 识图，能用特征进行建模构思和结构分析。
> 2）掌握使用草图椭圆、抛物线进行参数化草图绘制的方法。
> 3）熟悉抽壳、放样切割、特征镜像等特征建模方法。

> **项目引入**

本项目要求完成底座零件的三维数字化设计。底座是工业机器人一个非常重要的零件，如图 6-1 所示。

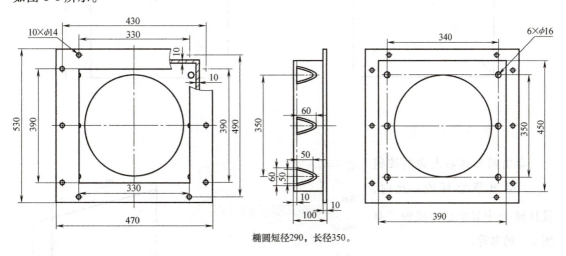

椭圆短径290，长径350。

图 6-1　底座

> **项目分析**

底座的结构比较复杂，其包含椭圆、抛物线的草图绘制，同时需用到抽壳、放样切除、特征镜像等建模方法才能完成其三维数字化设计。

> 项目实施

本项目由创建草图、抽壳特征、放样特征、镜向特征、简单孔等任务组成,具体的任务如下。

## 任务一 基本体的生成

### 一、进入草绘环境

1)新建文件并命名。
2)确定草图基准面。选择【前视基准面】,进入草绘环境。

项目六
任务一~三

### 二、绘制矩形

1)以坐标系原点为矩形中心,绘制图 6-2 所示的矩形。
2)按图 6-3 所示尺寸进行标注。尺寸标注完成以后图形以黑色显示,表示此草图为完全定义。

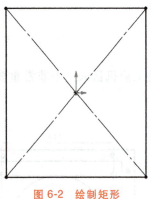

图 6-2 绘制矩形

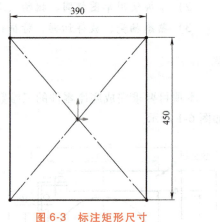

图 6-3 标注矩形尺寸

### 三、退出草绘环境

单击图形区右上角的按钮 ，退出草绘环境。此时,设计树 中显示已完成的"草图 1"的名称。

### 四、拉伸生成基本体

选择设计树 中的"草图 1",对草图进行拉伸,打开【凸台-拉伸】对话框,具体的参数设置如图 6-4 所示。设置

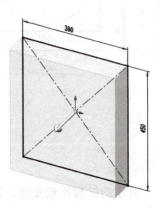

图 6-4 【凸台-拉伸】对话框及预览效果

完毕后，单击【确定】按钮 ✓ ，生成基本体。

## 任务二 抽 壳

抽壳的操作方法如下：

- 在菜单栏中单击【插入】→【特征】→【抽壳】按钮。
- 单击【特征】选项卡/工具栏中的【抽壳】按钮 。

在弹出的【抽壳】对话框中进行参数设置，如图6-5所示。设置完毕后，单击【确定】按钮 ✓ ，完成抽壳。

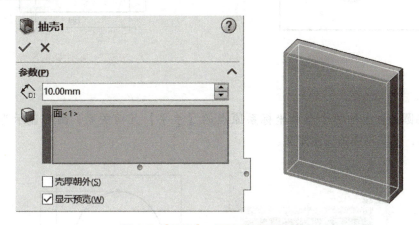

图6-5 【抽壳】对话框及预览效果

## 任务三 拉伸切除生成椭圆孔

### 一、草图绘制

1. 确定草绘平面

选择抽壳后模型的下底面为草绘平面。

2. 绘制椭圆轮廓

绘制椭圆的操作方法如下：

- 在菜单栏中单击【工具】→【草图绘制实体】→【椭圆（长短轴）】按钮。
- 单击【草图】选项卡/工具栏中【椭圆】按钮右侧的下三角按钮，在弹出的下拉列表中选择 。

在图形区合适的位置（原点位置）单击，确定椭圆的中心；移动鼠标光标，在鼠标光标附近会显示椭圆的长半轴"R"和短半轴"r"；在图形区合适的位置单击，确定椭圆的长半轴"R"；继续移动鼠标光标，在图形区合适的位置单击，确定椭圆的短半轴，如图6-6所示。

### 3. 标注椭圆尺寸

按图 6-7 所示标注椭圆尺寸。标注完尺寸后，椭圆的线条还是显示为蓝色，说明椭圆为欠定义。

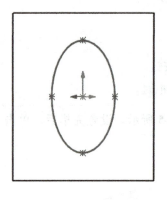

图 6-6　绘制椭圆

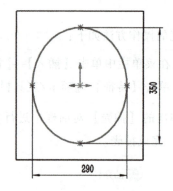

图 6-7　标注椭圆尺寸

### 4. 完全定义草图

添加椭圆短轴上的两个点和坐标系原点的【水平】几何关系，图形显示为黑色，如图 6-8 所示，说明草图为完全定义。

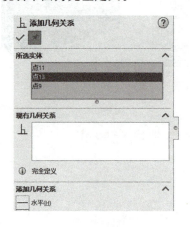

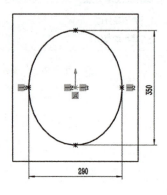

图 6-8　添加几何关系使椭圆完全定义

## 二、退出草绘环境

单击图形区右上角的按钮，退出草绘环境。此时，设计树中显示已完成的"草图 2"的名称。

## 三、拉伸切除生成椭圆孔

选择设计树中的"草图 2"进行拉伸切除，在【切除-拉伸】对话框中，设置终止条件为【完全贯穿】，单击【确定】按钮，生成椭圆孔，如图 6-9 所示。

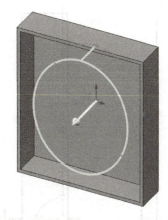

图 6-9 【切除-拉伸】对话框与预览效果

## 任务四  放样切除生成抛物线凹槽

### 一、绘制抛物线 1 草图

#### 1. 确定草绘平面
选择壳的长边一侧为草绘平面。

#### 2. 绘制两条中心线
如图 6-10 所示，绘制两条中心线并标注尺寸。

#### 3. 绘制抛物线草图
绘制抛物线的操作方法如下：

- 在菜单栏中单击【工具】→【草图绘制实体】→【抛物线】按钮。
- 单击【草图】选项卡/工具栏中【椭圆】按钮右侧的下三角按钮，在弹出的下拉列表中选择 ∪。

此时，鼠标光标变为 ∪ 形状。在图形区中的合适位置单击，确定抛物线的焦点；移动鼠标光标，在图形区合适的位置（水平中心线上）单击，确定抛物线的焦距；移动鼠标光标，在图形区合适的位置单击，确定抛物线的起点；移动鼠标光标，在图形区合适的位置单击，确定抛物线的终点，如图 6-11 所示。

#### 4. 标注尺寸
按图 6-12 所示标注尺寸。

#### 5. 绘制直线
将抛物线的两个端点用直线连接，形成封闭区域，如图 6-13 所示。

### 二、退出草绘环境

单击图形区右上角的按钮，退出草绘环境。此时，设计树中显示已完成的"草图 3"的名称。

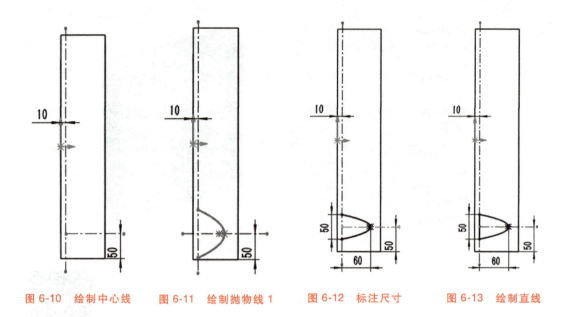

图 6-10 绘制中心线　　图 6-11 绘制抛物线 1　　图 6-12 标注尺寸　　图 6-13 绘制直线

### 三、绘制抛物线 2 草图

**1. 确定草绘平面**

选择抽壳后实体的内侧，距抛物线 1 所在平面的距离为 10mm 的平面为草绘平面。

**2. 绘制抛物线和直线并标注尺寸**

如图 6-14 所示，绘制抛物线和直线并标注尺寸。

### 四、退出草绘环境

单击图形区右上角的按钮 ，退出草绘环境。此时，设计树 中显示已完成的"草图 4"的名称。

### 五、放样切除生成抛物线凹槽

放样切除的操作方法如下：

- 在菜单栏中单击【插入】→【切除】→【放样】按钮。
- 单击【特征】选项卡/工具栏中的【放样切割】按钮 。

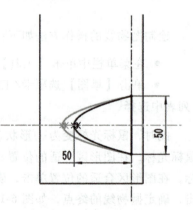

图 6-14 抛物线 2 草图

在【切除-放样】对话框中，按图 6-15 所示进行参数设置，单击"草图 3"和"草图 4"时，拾取点的位置应大致一致，设置完毕后，单击【确定】按钮 ，生成抛物线凹槽，如图 6-16 所示。

注意：如果出现如图 6-17 所示提示框，可以用鼠标光标拖动抛物线上显示的绿色点进行调整，使得两抛物线的两个拾取点接近，再单击【确定】按钮 。

项目六 底座数字化设计

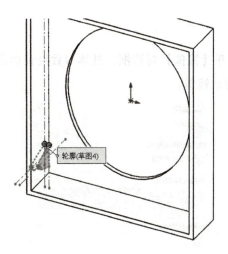

图 6-15 【切除-放样】对话框与预览效果

图 6-16 生成抛物线凹槽

图 6-17 错误提示框

### 六、线性阵列生成一侧抛物线凹槽

选择设计树中的"切除-放样"节点，对其进行线性阵列。设置【阵列】对话框中参数，如图 6-18 所示。注意阵列的方向，设置完毕后，单击【确定】按钮，完成阵列。

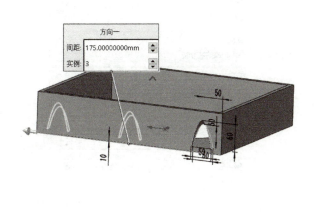

图 6-18 线性阵列生成一侧抛物线凹槽

### 七、镜像生成另一侧抛物线凹槽

打开【镜像】对话框，具体参数设置如图 6-19 所示。设置完毕后，单击【确定】按钮 ✓，完成镜像。

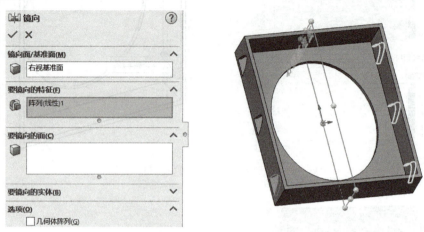

图 6-19　镜像生成另一侧抛物线凹槽

## 任务五　创建底面的孔

### 一、创建简单直孔

#### 1. 创建孔

打开【孔】对话框，选择下底面为创建孔的平面，具体参数设置如图 6-20 所示。设置完毕后，单击【确定】按钮 ✓，创建一个简单直孔。

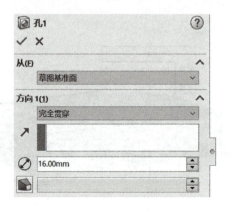 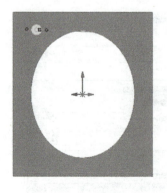

图 6-20　【孔】对话框与效果预览

#### 2. 尺寸标注

新创建的孔并没有进行尺寸标注，位置不准确。单击设计树 中 "孔 1" 左侧下三角按钮，显示出"草图 5"，用鼠标右键单击"草图 5"，在弹出的快捷菜单中单击【编辑草图】按钮，进入"草图 5"的草图编辑状态。绘制两条中心线，如图 6-21 所示。标注尺寸，如图 6-22 所示。图形以黑色显示，说明草图为完全定义。单击图形区右上角的按钮，退出草绘环境。

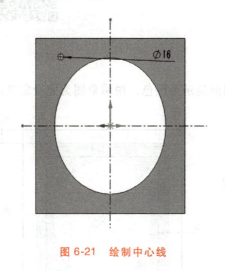
图 6-21　绘制中心线

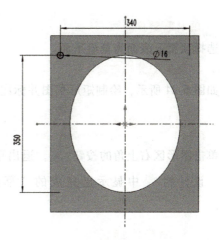
图 6-22　标注孔位置尺寸

## 二、线性阵列

选择设计树中"孔 1"进行线性阵列，【阵列】对话框中的参数设置如图 6-23 所示。设置完毕后，单击【确定】按钮，完成孔的阵列。

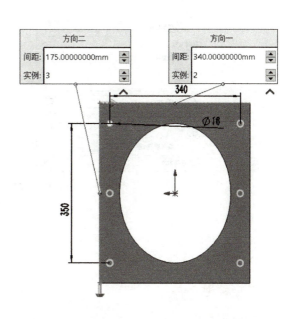

图 6-23　【阵列（线性）】对话框与效果预览

## 任务六　创建顶板拉伸体

项目六
任务六、七

### 一、绘制草图

**1. 确定草绘平面**

选择顶板上表面为草绘平面。

**2. 绘制草图并标注尺寸**

如图 6-24 所示，绘制矩形草图并标注尺寸。图形显示为黑色，说明草图为完全定义。

### 二、退出草绘环境

单击图形区右上角的按钮，退出草绘环境。此时，设计树中显示已完成的"草图 6"的名称。

### 三、拉伸生成顶板

选择设计树中的"草图 6"，对草图进行拉伸。打开【凸台-拉伸】对话框，具体的参数设置如图 6-25 所示。设置完毕后，单击【确定】按钮，生成顶板。

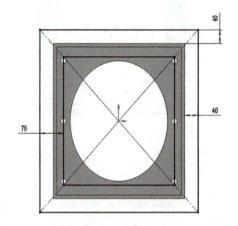

图 6-24　绘制矩形草图并标注尺寸

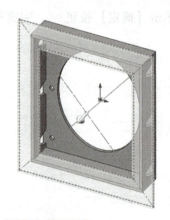

图 6-25　【凸台-拉伸】对话框与效果预览

## 任务七　创建顶板小孔

### 一、绘制草图

**1. 确定草绘平面**

选择顶板上表面为草绘平面。

## 2. 绘制草图并标注尺寸

如图 6-26 所示，绘制小孔草图并标注尺寸。图形显示为黑色，说明草图为完全定义。

## 3. 阵列草图

以最底端的孔阵列得到 4 个孔。【线性阵列】对话框中的参数设置如图 6-27 所示。以右侧的孔为阵列对象，阵列得到 6 个孔。

【线性阵列】对话框中的参数设置如图 6-28 所示。草图孔显示为蓝色，说明草图为欠定义。

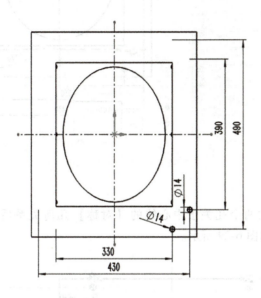

图 6-26　绘制草图并标注尺寸

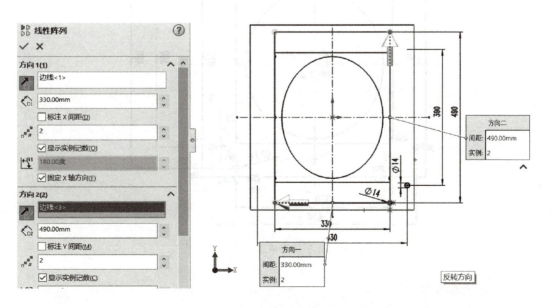

图 6-27　阵列最底端孔草图

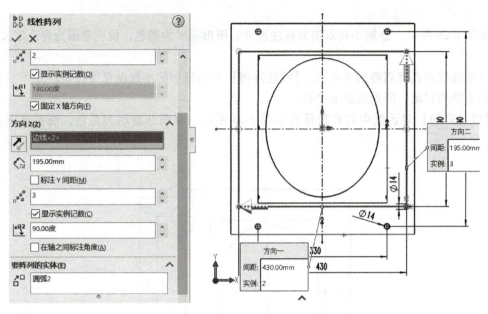

图 6-28 阵列右侧孔草图

### 4. 添加几何关系

分别添加与右下角的两个孔关于中心线的【对称】几何关系后，所有圆显示为黑色，说明草图为完全定义，如图 6-29 所示。

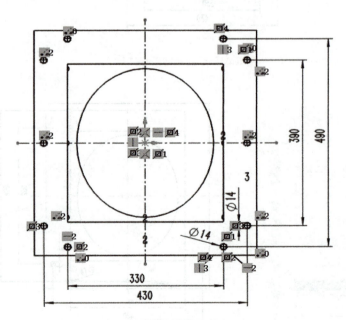

图 6-29 添加几组对称几何关系

## 二、退出草绘环境

单击图形区右上角的按钮 ，退出草绘环境。此时，设计树 中显示已完成的"草图

7"的名称。

### 三、创建顶板小孔

选择设计树中的"草图 7",对草图进行拉伸。打开【切除-拉伸】对话框,具体的参数设置如图 6-30 所示。设置完毕后,单击【确定】按钮,生成顶板小孔。底座创建完成,如图 6-31 所示。

 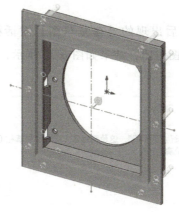 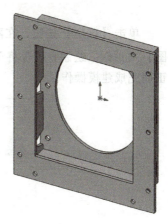

图 6-30　【切除-拉伸】对话框与效果预览　　　　图 6-31　底座

### 现场经验

1) 创建放样特征时,为不使模型扭曲,拾取草图轮廓点的位置应大致一致。

2) 倒较大半径圆角应该在抽壳操作之前进行,从而避免倒圆角破坏抽壳后形成的薄壁。

3) 外形过于复杂的模型可能会遇到抽壳失败,原则上抽壳厚度要小于抽壳后保留的模型表面的曲率半径。

### 项目拓展

草图合法性检查与修补。在利用草图生成特征的过程中,有时会遇到系统弹出的【重建模型错误】提示框,这是因为草图不封闭或自相交所致,如图 6-32 所示。

#### 1. 草图合法性检查

在设计树中选择出现错误的草图,单击鼠标右键,在弹出的快捷菜单中单击【编辑草图】按钮,进入草绘环境。单击菜单栏中的【工具】→【草图工具】→【检查草图合法性】按钮,出现【检查有关特征草图合法性】对话框,如图 6-33 所示。在【特征用法】列表中选择【放样截面】,单击【检查】按钮,出现【SOLIDWORKS】对话框,如图 6-34 所示。此草图为含有一个开环轮廓的不合法草图。

图 6-32　【重建模型错误】提示框

图 6-33 【检查有关特征草图合法性】对话框　　图 6-34 草图有开环轮廓

**2. 修复闭合抛物线草图**

单击【确定】按钮,在随后出现的【修复草图】对话框中,单击 ✖ ,退出【修复草图】对话框。绘制直线等将草图封闭,结果如图 6-35 所示,表明草图没有开环轮廓,能够正确完成建模操作。

图 6-35 草图没有开环轮廓

## 练 习 题

1) 在 SOLIDWORKS 中,放样方式有几种? 简述其在建模中的应用。
2) 根据图 6-36 和图 6-37 所示零件图创建放样实体模型。

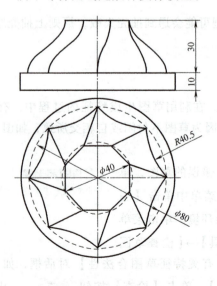

图 6-36 练习 1

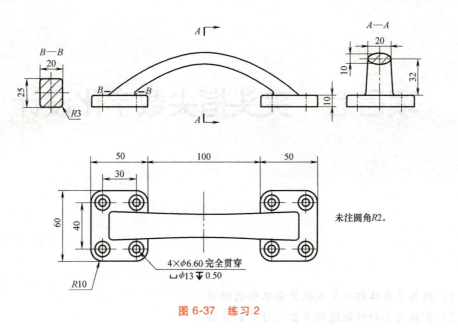

图 6-37 练习 2

# 项目七 夹头指尖数字化设计

> **学习目标**
>
> 1) 熟悉多实体组合生成较复杂零件的操作。
> 2) 掌握对各种特征进行参数化设计的方法。

> **项目引入**

夹头指尖是工业机器人夹爪的末端零件,通过机械或气动控制使夹头指尖抓紧或放松,从而完成夹放操作,如图 7-1 所示。本项目要求完成该零件的三维数字化设计。

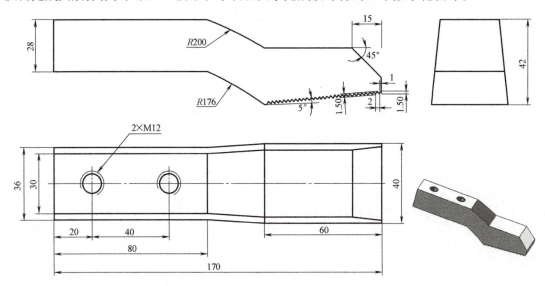

图 7-1 夹头指尖

> **项目分析**

如图 7-1 所示,夹头指尖中间部位存在异型特征,SOLIDWORKS 中单独的命令特征无法满足其一次性建模成形要求,可以使用多实体造型技术,通过实体间的布尔运算获得所需的外形结构。

### 项目实施

本项目由创建螺纹孔特征、多实体特征、筋特征等任务组成，具体的任务如下。

## 任务一　使用组合命令创建模型中间部位

### 一、进入草绘环境

1）建立新文件并命名。
2）确定草图基准面。选择【上视基准面】，进入草绘环境。

项目七　任务一

### 二、创建组合体1

#### 1．绘制组合体1草图

如图7-2所示，绘制组合体1草图并标注，生成"草图1"。

#### 2．拉伸生成组合体1

选择设计树中的"草图1"，用【拉伸凸台/基体】命令使草图生成实体，具体参数设置如图7-3所示。单击【确定】按钮，生成组合体1，如图7-4所示。

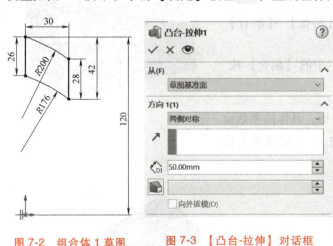

图7-2　组合体1草图　　　　图7-3　【凸台-拉伸】对话框　　　　图7-4　组合体1

### 三、创建组合体2

#### 1．绘制组合体2草图

选择【右视基准面】为草图平面，绘制组合体2的草图，生成"草图2"，如图7-5所示。

#### 2．拉伸生成组合体2

选择设计树中的"草图2"，用【拉伸凸台/基体】命令使草图生成实体，具体参数设置如图7-6所示，取消选择【合并结构】复选框。单击【确定】按钮，生成组合体2，如图7-7所示。

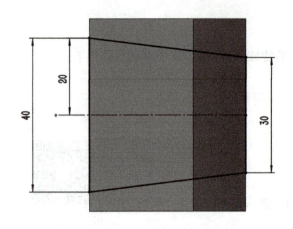

图7-5 组合体2草图

图7-6 组合体2设置

### 四、组合创建模型中间部分特征

已经创建的组合体1和组合体2的共同部分为夹头指尖模型的中间部分特征。利用SOLIDWORKS中的【组合】命令进行创建。其使用方法如下：

- 在菜单栏中单击【插入】→【特征】→【组合】按钮。
- 单击【特征】选项卡/工具栏中的【组合】按钮 。

执行命令后，出现【组合】对话框，具体的参数设置如图7-8所示。单击【确定】按钮 ，完成组合体的创建，如图7-9所示。

图7-7 组合体2

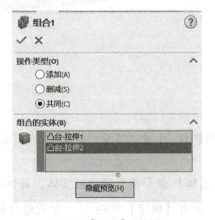

图7-8 【组合】对话框

图7-9 创建组合实体

## 任务二　生成模型上部实体

### 一、草图绘制

1）选择【右视基准面】为草图平面，进入草绘环境。

2）拉伸上部实体的草图可以引用已建模型面，单击【转换实体引用】按钮，出现图 7-10 所示的【转换实体引用】对话框，选取实体上的边线，如图 7-11 所示。设置完毕后，单击【确定】按钮✓，生成"草图 3"。

项目七
任务二

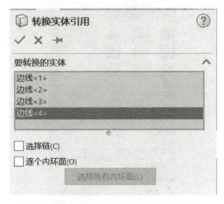

图 7-10　【转换实体引用】对话框

图 7-11　选取实体边线生成"草图 3"

### 二、生成模型上部实体

**1. 拉伸生成近似实体。**

选取"草图 3"，使用【拉伸凸台/基体】命令创建近似实体。【凸台-拉伸】对话框中的参数设置如图 7-12 所示。单击【确定】按钮✓，生成的实体如图 7-13 所示。

图 7-12　【凸台-拉伸】对话框

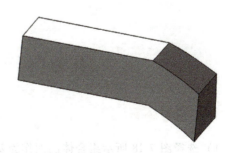

图 7-13　生成上部近似实体

**2. 添加 M12 螺纹孔**

绘制螺纹孔位置点草图。选择上部平面为草图平面，绘制图 7-14 所示草图。创建螺纹孔的操作方法如下：

113

- 在菜单栏中单击【插入】→【特征】→【孔向导】按钮。
- 单击【特征】选项卡/工具栏中的【异型孔向导】按钮。

在【孔规格】对话框中，单击【直螺纹孔】按钮，其余参数设置如图7-15所示。完成【类型】选项卡中的参数设置后，单击【位置】选项卡，单击两个孔的位置点，如图7-16所示。设置完毕后，单击【确定】按钮，生成图7-17所示螺纹孔，从而完成模型上部实体的创建。

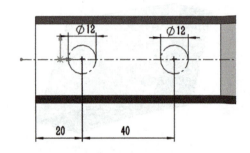

图7-14 绘制螺纹孔位置点草图

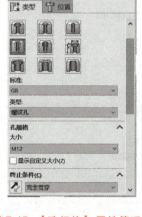

图7-15 【孔规格】属性管理器

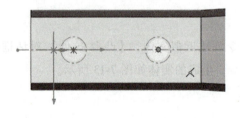

图7-16 选择孔位置点

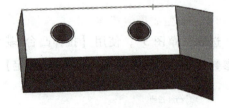

图7-17 生成螺纹孔

## 任务三 生成模型下部实体

### 一、草图绘制

1) 选择图7-18所示组合体的面作为基准面，进入草绘环境。
2) 引用已建模型面的边线为草图，选择【转换实体引用】命令。选取实体上的边线，如图7-19所示，选取完毕后，单击【确定】按钮，生成草图平面。

项目七
任务三

项目七　夹头指尖数字化设计

图7-18　选择基准面

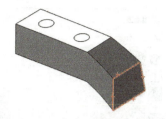

图7-19　【转换实体引用】边线

## 二、生成模型下部近似实体

创建拉伸特征。选择图7-19所示草图平面，拉伸生成下部近似实体。【凸台-拉伸】对话框中的参数设置如图7-20所示。单击【确定】按钮 ✓，生成实体，如图7-21所示。

图7-20　【凸台-拉伸】对话框

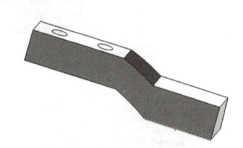

图7-21　生成下部近似实体

## 三、创建底部斜面特征

### 1. 建立基准面

所建模型侧面为斜面，因此，需要创建辅助基准面。在【特征】工具栏中单击【参考几何体】→【基准面】按钮，出现【基准面】对话框，具体参数设置如图7-22所示。单击【确定】按钮 ✓ 生成"基准面1"，如图7-23所示。

### 2. 绘制草图

在基准面1上绘制草图，如图7-24所示。

### 3. 拉伸切除生成斜面

打开【切除-拉伸】对话框，具体参数设置如图7-25所示。单击【确定】按钮 ✓，生成底部斜面，如图7-26所示。

## 四、创建斜面齿形特征

### 1. 生成边沿处齿形特征

选取"基准面1"为草图平面，将斜面边沿作为实体引用参考，绘制边沿处齿形草图，如图7-27所示。打开【切除-拉伸】对话框，生成边沿处齿形特征，如图7-28所示。

图 7-22 【基准面】对话框

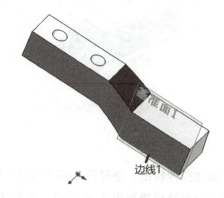

图 7-23 生成"基准面 1"

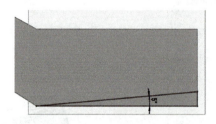

图 7-24 绘制草图

图 7-25 【切除-拉伸】对话框

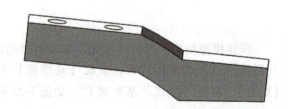

图 7-26 生成底部斜面

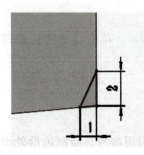

图 7-27 绘制边沿处齿形草图

图 7-28 生成边沿处齿形特征

## 2. 生成单个齿形特征

选取"基准面 1"为草图平面,将斜面边沿作为实体引用参考,绘制单个齿形草图,如图 7-29 所示。打开【拉伸-切除】对话框,生成单个齿形特征,如图 7-30 所示。

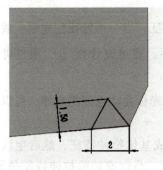

图 7-29　绘制单个齿形草图

图 7-30　生成单个齿形特征

## 3. 阵列生成全部齿形特征

打开【阵列(线性)】对话框,具体参数设置如图 7-31 所示。单击【确定】按钮 ✓,生成全部齿形,如图 7-32 所示。

图 7-31　【阵列(线性)】对话框

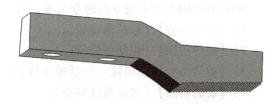

图 7-32　生成全部齿形特征

## 五、创建倒角特征

创建倒角特征。选择【倒角】命令,倒角参数如图 7-33 所示。单击【确定】按钮 ✓,生成倒角,完成整个模型实体的创建,如图 7-34 所示。

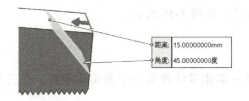

图 7-33　倒角参数

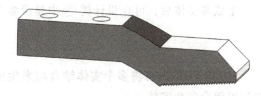

图 7-34　生成完整模型

> **现场经验**

1）若要改变设计树中的特征名称，在特征名称上单击鼠标左键两次，再键入新的名称。

2）设计树可视地显示出零件或装配体中的所有特征，当一个特征创建后，就加入到设计树中，因此，设计树代表建模操作的先后顺序。通过设计树，用户可以编辑零件中包含的特征。

3）设计树最底部的横杠称为退回控制棒，用鼠标光标拖动退回控制棒，可以观察零部件的建模过程。

4）特征通常建于其他现有特征上。例如，用户先生成基体拉伸特征，然后生成其他特征如凸台或切除拉伸特征。原有的基体拉伸特征是父特征，凸台或切除拉伸特征是子特征。子特征的存在取决于父特征。只要父特征位于其子特征之前，重新组序操作将有效。

5）如果重排特征顺序操作是合法的，将会出现图标 ↻ ，否则出现图标 ⊘ 。

> **项目拓展**

### 一、多实体造型

零件文件可包含多个实体。当一个单独的零件文件中包含多个连续实体时就形成多实体。大多数情况下，多实体建模技术用于设计特征之间具有一定距离的零件。在这种情况下，可以单独对零件的每一个分离的特征进行建模，分别形成实体，最后通过合并或连接形成单一的零件。

SOLIDWORKS 可采用下列命令从单一特征生成多实体：

1）【拉伸凸台】（包括薄壁特征）。
2）【拉伸切除】（包括薄壁特征）。
3）【旋转凸台】和切除（包括薄壁特征）。
4）【旋转切除】（包括薄壁特征）。
5）【扫描凸台】和切除（包括薄壁特征）。
6）【曲面切除】。
7）凸台和切除加厚。
8）型腔。

建立多实体最直接的方法是在建立某些凸台或切除特征时，在对话框中不勾选【合并结果】复选框，但该选项对于零件的第一个特征无效，如图 7-35 所示。

生成多实体后，可在设计树中显示多个特征，如图 7-36 所示。

### 二、组合实体

SOLIDWORKS 可将多个实体结合起来生成单一实体零件或另一个多实体零件。有三种方法可组合多个实体：

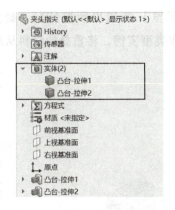

图 7-35 【拉伸-凸台】对话框　　　　图 7-36 多实体零件

1)【添加】。将所有所选实体相结合以生成单一实体。
2)【共同】。移除除了重叠以外的所有材料。
3)【删减】。将重叠的材料从所选主实体中移除。

执行【组合】命令后，出现【组合】对话框，如图 7-37 所示。

1. 使用【添加】或【共同】操作类型

在【特征】选项卡中单击【组合】按钮，设置【操作类型】为【添加】或【共同】，再选择【要组合的实体】。

实体选择方式：

- 在图形区选择实体。
- 在设计树 中的【实体】节点 实体中选择实体。

单击【显示预览】按钮以预览特征，确定无误后，单击【确定】按钮 。

图 7-38 所示为【添加】操作类型实例，将所选实体相结合以生成单一实体。

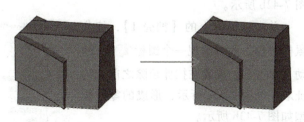

图 7-37 【组合】对话框　　　　图 7-38 【添加】操作类型实例

图 7-39 所示为【共同】操作类型实例，移除除了重叠以外的所有材料。

2. 使用【删减】操作类型

在【特征】选项卡中单击【组合】按钮，设置【操作类型】为【删减】，如图 7-40 所示。激活【主要实体】列表框，选择要保留的实体；激活【减除的实体】列表框，选择要移除的实体，单击【显示预览】按钮以预览特征，确定无误后单击【确定】按钮 ✓ 。图 7-41 所示为【删减】操作类型实例，将重叠的材料从所选主实体中移除。

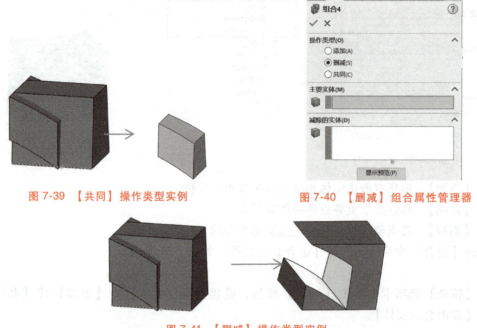

图 7-39 【共同】操作类型实例　　　　图 7-40 【删减】组合属性管理器

图 7-41 【删减】操作类型实例

### 三、特征拖动操作

SOLIDWORKS 支持多种特征拖动操作：重新排序、移动及复制。

#### 1. 重新安排特征的顺序

在设计树中拖动特征到新的位置，可以改变特征构建的顺序。当拖动时，所经过的项目会高亮显示，当释放特征图标时，所移动的特征名称会直接出现在当前高亮显示项之下（或上）。

例如：图 7-42a 所示的特征树，建模顺序为凸台→拉伸切除→抽壳，形成的零件模型如图 7-42b 所示。

单击特征树上的【抽壳 1】，按住鼠标左键，此时出现一个图标，拖动【抽壳 1】放置在拉伸切除之前，特征顺序如图 7-43a 所示，形成的零件模型如图 7-43b 所示。

#### 2. 移动及复制特征

可以通过在模型中拖动特征，或把特征从一模型拖动到另一模型来移动或复制特征。

a)

b)

图 7-42 原始的特征树及其零件模型

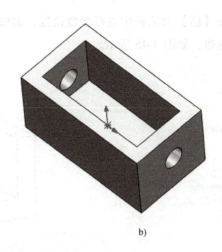

a)                                                          b)

图 7-43　重新排序的特征树及其零件模型

图 7-44a 所示的零件，由拉伸凸台和拉伸切除圆孔形成，单击【Instant3D】按钮，单击圆孔特征，按住鼠标左键，同时按住键盘上的<Shift>键，拖动圆孔特征放置到侧面，如图 7-44b 所示；松开鼠标左键，即可将顶面的圆孔特征移动到侧面上，如图 7-44c 所示；若是同时按住键盘上的<Ctrl>键，即可复制圆孔特征到侧面上，结果如图 7-44d 所示。

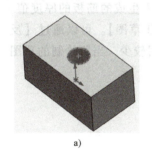 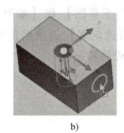 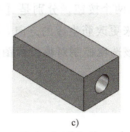 

a)　　　　　　　　　b)　　　　　　　　　c)　　　　　　　　　d)

图 7-44　特征移动及复制

### 四、筋特征

【筋】命令是用于生成具有筋的结构或者具有类似于筋的结构。筋特征类似于拉伸特征，使用【筋】时可以绘制更简单的草图，甚至没有封闭的草图也可完成筋结构的建模。

筋特征是将草图沿着某一个方向（可以垂直于草图平面，也可以平行于草图平面）进行移动生成的。一般情况下，创建筋特征所用的草图都是没有封闭的。没有封闭的草图沿着某一个方向移动会形成一个平面，再将这个平面加厚到指定的厚度，即可以形成筋的结构。

#### 1.【筋】命令操作使用步骤

1）建立草图。绘制筋特征需要用到的草图。
2）编辑特征。具体操作方法如下：

- 在菜单栏中单击【插入】→【特征】→【筋】命令。
- 单击【特征】选项卡/工具栏中的【筋】按钮。

在【筋】对话框中进行参数设置，编辑筋特征，最后单击【确定】按钮 ✓，完成筋特征的创建，如图 7-45 所示。

 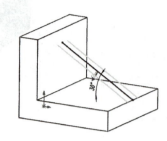 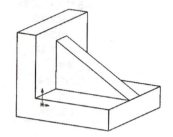

图 7-45  筋特征实例

**2.【筋】对话框中的选项介绍**

【筋】对话框如图 7-45 所示，它主要包括两个选项组，【参数】选项组和【所选轮廓】选项组。在【参数】选项组中的【厚度】中有三个按钮，分别为【第一边】【两侧】【第二边】。筋特征相当于将一个平面加厚，这三个按钮的意思分别为只向该平面的一侧加厚、两侧均匀加厚和向着该平面的另一侧加厚。【筋厚度】文本框中可输入生成的筋板的厚度值。【拉伸方向】中同样有两个按钮，分别是【平行于草图】和【垂直于草图】。可以通过【反转材料方向】复选框来更改筋生成的方向。【所选轮廓】选项组使用较少，当所绘制的草图不连续时，可以通过该选项控制对哪段草图生成筋特征。

## 练 习 题

1) 使用多实体命令，完成图 7-46 所示支架的数字化设计。

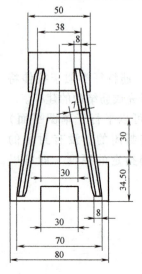 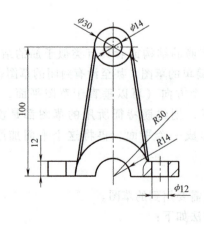 

图 7-46  练习一

2) 完成图 7-47 所示图形的数字化设计。

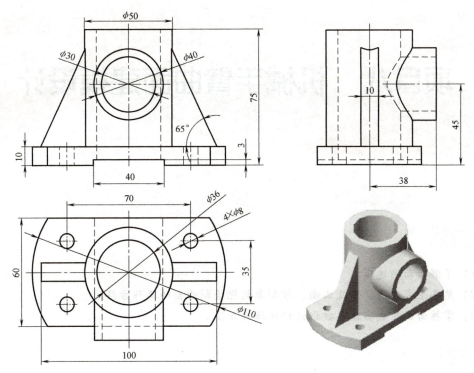

图 7-47 练习二

# 项目八　机械手臂曲面建模设计

### 学习目标

1) 了解曲面的建模。
2) 熟悉生成曲面、修改曲面、控制参数化绘制曲面的操作方法。
3) 掌握曲面生成实体参数化设计的操作方法。

### 项目引入

本项目要求完成机械手臂零件的三维数字化设计。机械手臂是工业机器人中一个非常重要的零件，如图8-1所示。

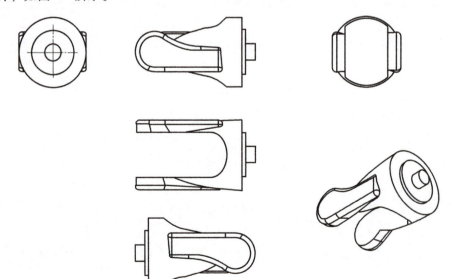

图8-1　机械手臂

### 项目分析

机械手臂的结构比较复杂。其建模过程包含了曲面生成、曲面放样、曲面缝合、加厚等操作。

> 项目实施

本项目由创建、修改曲面，创建加厚实体、圆角和旋转凸台特征任务组成，具体的任务如下。

## 任务一　创建"曲面-基准面1"

### 一、进入草绘环境

1）新建文件并命名。
2）确定草图基准面。选择【前视基准面】，进入草绘环境。

项目八 任务一

### 二、草图绘制

#### 1. 绘制两条相互垂直的中心线
过坐标系原点绘制两条相互垂直的中心线，如图8-2所示。

#### 2. 绘制轮廓草图
绘制图8-3所示轮廓草图。

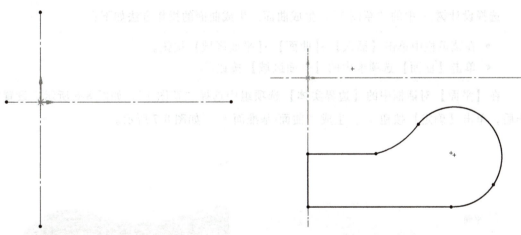

图8-2　过坐标系原点绘制两条相互垂直的中心线　　图8-3　轮廓草图

#### 3. 尺寸标注
按图8-4所示尺寸进行标注。

#### 4. 添加几何关系
添加几何关系使得草图完全定义，所有线条均显示为黑色，如图8-5所示。

### 三、退出草绘环境

单击图形区右上角的按钮，退出草绘环境。此时，设计树中

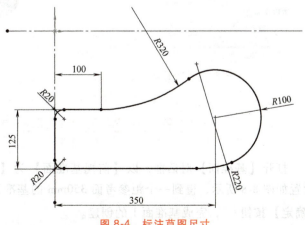

图8-4　标注草图尺寸

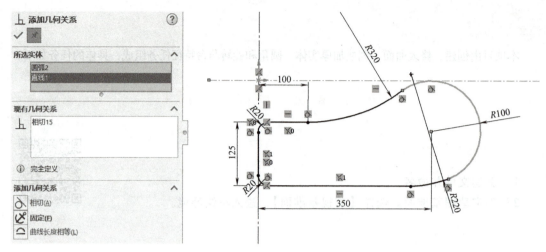

图 8-5 添加几何关系使其完全定义

显示已完成的"草图 1"的名称。

### 四、生成"曲面-基准面 1"

选择设计树 中的"草图 1",生成曲面。生成曲面的操作方法如下:

- 在菜单栏中单击【插入】→【曲面】→【平面区域】按钮。
- 单击【曲面】选项卡中的【平面区域】按钮。

在【平面】对话框中的【边界实体】选项组中选择"草图 1",如图 8-6 所示。设置完毕后,单击【确定】按钮 ,生成"曲面-基准面 1",如图 8-7 所示。

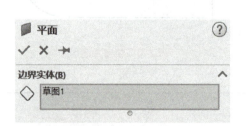

图 8-6 【平面】对话框

图 8-7 生成"曲面-基准面 1"

## 任务二 创建"基准面 1"

项目八
任务二

打开【基准面】对话框,以【前视基准面】为【第一参考】,其余参数设置如图 8-8 所示,得到一个距参考面 350mm 的基准面。设置完毕后,单击【确定】按钮 ,完成基准面 1 的创建。

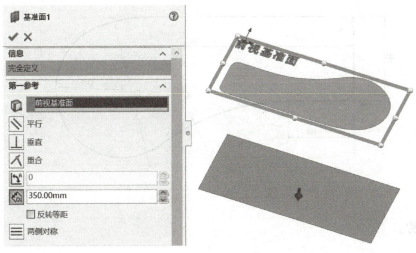

图8-8 【基准面1】对话框和效果预览

## 任务三  创建"曲面—基准面2"

### 一、绘制草图

#### 1. 确定草绘平面
选取新建的基准面为草绘平面。

#### 2. 绘制两条相互垂直的中心线
过坐标系原点绘制两条相互垂直的中心线,如图8-9所示。

项目八
任务三

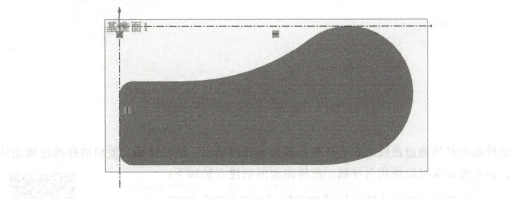

图8-9 过坐标系原点绘制两条相互垂直的中心线

#### 3. 绘制轮廓草图并标注尺寸
绘制图8-10所示轮廓草图并标注尺寸。草图全部显示为黑色,说明草图已完全定义。

### 二、退出草绘环境

单击图形区右上角的按钮 ，退出草绘环境。此时,设计树 中显示已完成的"草

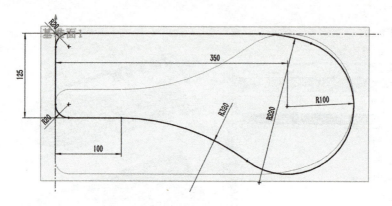

图 8-10　绘制轮廓草图并标注尺寸

图 2"的名称。

### 三、生成"曲面—基准面 2"

选择设计树 中的"草图 2",生成曲面。在【平面】对话框中的【边界实体】选项组中选择"草图 2",如图 8-11 所示。设置完毕后,单击【确定】按钮 ,生成曲面,如图 8-12 所示。

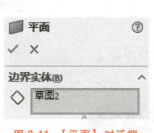

图 8-11　【平面】对话框

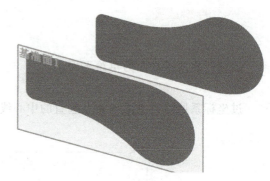

图 8-12　生成平面区域曲面 2

## 任务四　放样生成封闭区域

放样曲面是指通过曲线之间的平滑过渡而生成的曲面。放样曲面主要由放样的轮廓曲线组成,如果有必要可以使用引导线。放样曲面的创建方法如下:

- 在菜单栏中单击【插入】→【曲面】→【放样曲面】按钮。
- 单击【曲面】选项卡中的【放样曲面】按钮 。

选取曲面 1 上的一段曲线,在曲面 2 上选取一段靠近的曲线,这两段曲线作为放样曲面的轮廓线(注意两条曲线上绿色控制点的位置要靠近,如果不靠近用鼠标光标拖动至靠近位置),绘制第一个放样曲面,如图 8-13 所示。设置完毕后,单击【确定】按钮 ,完成放样曲面。

项目八　机械手臂曲面建模设计

使用同样的方法绘制其他的放样曲面，使曲面连接起来形成一个封闭的区域。此时，设计树 中有 9 个放样曲面，如图 8-14 所示。全部放样完成后的曲面效果如图 8-15 所示。

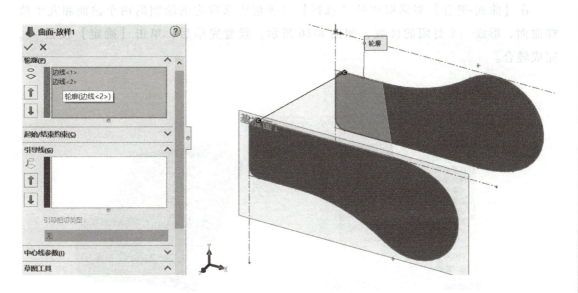

图 8-13　【曲面-放样】对话框和效果预览

图 8-14　放样后的设计树

图 8-15　全部放样后的曲面效果

## 任务五　缝　合　曲　面

项目八
任务五

缝合曲面是将两张或两张以上曲面组合在一起所形成新的曲面。缝合曲面的生成条件是多张曲面边线必须相邻并且不重叠，但不一定要在同一基准面上。曲面缝合后，既可以选择曲面实体，也可以单独选中其中的面。获得缝合曲面生成条件的途径有延伸曲面到参考面后再进行裁剪和由封闭曲面的边线生成曲面区域等。缝合曲面的创建方法如下：

> - 在菜单栏中单击【插入】→【曲面】→【缝合曲面】按钮。
> - 单击【曲面】选项卡中的【缝合曲面】按钮 。

在【曲面-缝合】对话框中的【选择】列表框中选取之前绘制的两个曲面和九个放样曲面，形成一个封闭的区域，如图 8-16 所示。设置完毕后，单击【确定】按钮 ，完成缝合。

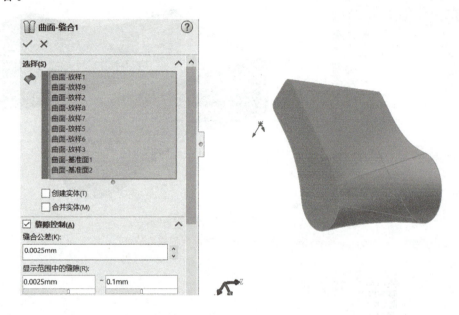

图 8-16 【曲面-缝合】对话框和预览效果

## 任务六 曲面加厚生成实体

项目八
任务六

曲面造型方法和实体造型方法是相互补充的，需要在统一的环境下工作。对于大多数三维 CAD 软件而言，建立反映产品信息的实体模型是其基本目标，因此，实体建模是 CAD 软件的核心功能，曲面功能作为实体建模的补充，执行常规实体建模方法不能实现的功能。因此，三维 CAD 曲面造型的最终结果需要采用加厚方式转换为实体。

加厚的操作方法如下：

> - 在菜单栏中单击【插入】→【凸台/基体】→【加厚】按钮。
> - 单击【曲面】选项卡中的【加厚】按钮 。

选取设计树 中"曲面-缝合1"为加厚的对象。在【加厚】对话框中的参数设置如图 8-17 所示（注意：需要勾选【从闭合的体积生成实体】和【合并结果】复选框，并从内侧进行加厚）。设置完毕后，单击【确定】按钮 ，完成加厚操作。

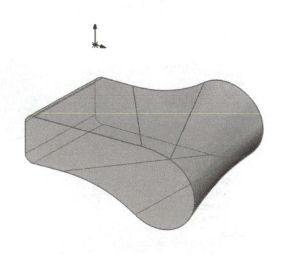

图 8-17 【加厚】对话框与效果预览

## 任务七　创建"基准面 2"

打开【基准面】对话框,以【前视基准面】为【第一参考】,其余参数设置如图 8-18 所示,得到一个距参考面 175mm 的基准面。设置完毕后,单击【确定】按钮 ,完成基准面 2 的创建。

项目八　任务七

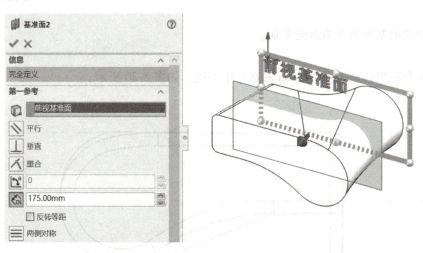

图 8-18 【基准面 2】对话框和效果预览

## 任务八　倒　圆　角

选取设计树 中的"加厚",以加厚特征为圆角对象,【圆角】对话框中的参数设置如图 8-19 所示。设置完毕后,单击【确定】按钮 ,完成圆角特征的创建。

项目八　任务八

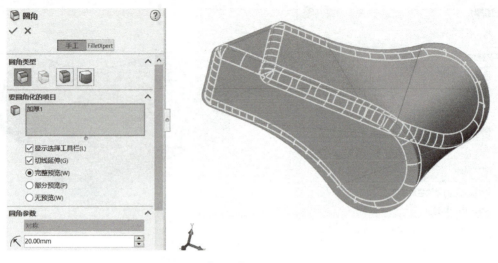

图 8-19 【圆角】对话框与效果预览

## 任务九　旋转凸台

### 一、草图绘制

**1. 确定草绘平面**

选取创建的基准面 2 为草绘平面。

**2. 绘制中心线**

绘制一条距坐标系原点 105mm 的水平中心线，如图 8-20 所示。

项目八　任务九

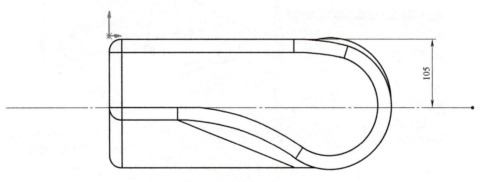

图 8-20　绘制中心线

**3. 绘制草图轮廓并标注尺寸**

绘制图 8-21 所示轮廓草图。椭圆草图部分线条显示为蓝色，说明草图为欠定义。

**4. 添加几何关系**

添加椭圆的长轴两端点为"水平"几何关系，如图 8-22 所示。此时草图线条都显示为黑色，说明草图为完全定义。

项目八　机械手臂曲面建模设计

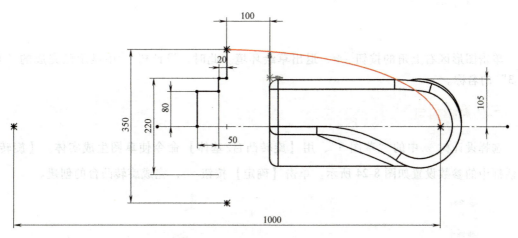

图 8-21　绘制草图轮廓并标注尺寸

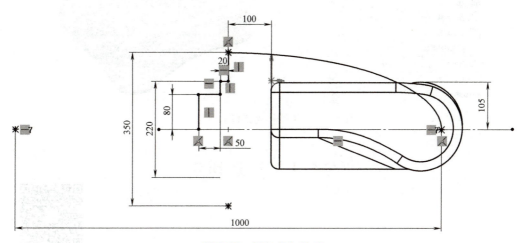

图 8-22　添加几何关系

**5. 绘制直线**

绘制一条直线使草图封闭，如图 8-23 所示。

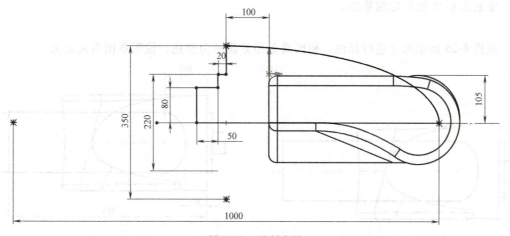

图 8-23　绘制直线

133

## 二、退出草绘环境

单击图形区右上角的按钮 ，退出草绘环境。此时，设计树 中显示已完成的"草图3"的名称。

## 三、旋转凸台

选择设计树 中的"草图3"，用【旋转凸台/基体】命令使草图生成实体。【旋转】对话框中的参数设置如图8-24所示。单击【确定】按钮 ，完成旋转凸台的创建。

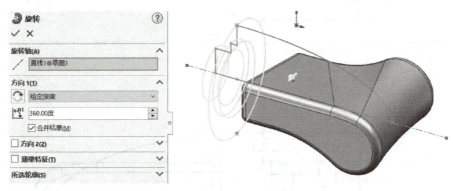

图8-24 【旋转】对话框与效果预览

## 任务十 拉伸-切除

### 一、草图绘制

**1. 确定草绘平面**

选取【上视基准面】为草绘平面。

**2. 绘制轮廓草图**

绘制图8-25所示轮廓草图。

**3. 尺寸标注**

按图8-26所示尺寸进行标注。椭圆线条部分显示为蓝色，说明草图为欠定义。

项目八 任务十

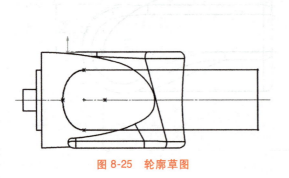

图8-25 轮廓草图

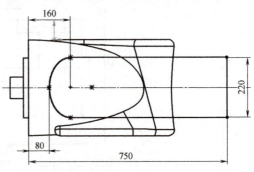

图8-26 标注尺寸

#### 4. 添加几何关系

添加椭圆的短轴两端点为"水平"几何关系。添加以后,草图线条显示为黑色,说明草图为完全定义,如图 8-27 所示。

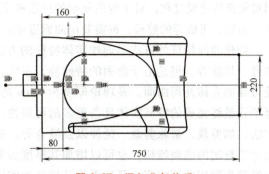

图 8-27 添加几何关系

### 二、退出草绘环境

单击图形区右上角的按钮 ,退出草绘环境。此时,设计树 中显示已完成的"草图 4"的名称。

### 三、拉伸-切除

选择设计树 中的"草图 4",进行拉伸切除。【切除-拉伸】对话框中的参数设置如图 8-28 所示。设置完成后,单击【确定】按钮 。完成效果图如图 8-29 所示。

图 8-28 【切除-拉伸】对话框

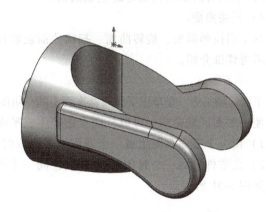

图 8-29 完成效果图

### 现场经验

1)当找不到命令管理器时,可在菜单空白处单击鼠标右键,勾选"启用 CommandManager(A)"。

2)当需要调取不同的工具栏时,依然可以在菜单空白处单击鼠标右键,在"工具栏(B)"中选择需要调取的工具栏。

### 项目拓展

曲面是一种可用来生成实体特征的几何体。从几何意义上看,曲面模型和实体模型所表达的结果是完全一致的。通常情况下可交替地使用实体和曲面特征。实体模型快捷高效,但仅用实体建模在实际的设计过程中是远远不够的,因此在许多情况下,用户需要使用曲面建模。一种情况是输入其他 CAD 系统的数据,生成了曲面模型,而不是实体模型;另一种情况是,用户建立的形状需要利用自由曲面并缝合到一起,最终生成实体。曲面特征一般用于完相对复杂的建模过程。对于构造复杂的三维模型，如叶轮、凸轮、电子产品的外壳、汽车零部件、船舶、飞机等的建模，都需要用曲面造型。因此曲面是三维设计中重要的建模手段。

创建曲面特征的方法和创建实体特征的方法有一些是相同的，例如拉伸、旋转、扫描、放样、切除等。但是由于曲面的特殊性，三维设计软件中的曲面为有限大小的、连续的、处处可导的立体几何曲面，是理论厚度为 0mm 的实体特征，所以它拥有更为灵活的特性，以至于让最终完成的特征实体具备更多的可塑性。曲面的特殊性，使得它也有一些特殊的创建方法，如剪裁、解除剪裁、延伸以及缝合等。曲面特征在大多数情况下是一种过渡特征，因为对于封闭的曲面特征，也可以增加其厚度后变成实体特征。因此，在很多工业设计的应用中都首先利用曲面建模，最后再将其转换为实体特征。

### 一、生成曲面

生成曲面有以下几种方法：
1) 由草图拉伸曲面、旋转曲面、扫描曲面或放样曲面。
2) 由草图或基准面上的一组闭环边线生成一个平面。
3) 从现有的面或曲面等距生成曲面。
4) 延展曲面。

从草图拉伸曲面、旋转曲面、扫描曲面或放样曲面的方法和创建实体特征的方法类似，在此不再详细介绍。

#### 1. 平面区域

平面区域是由一个草图平面或基准面上的一组闭环曲线生成的一个由有限边界组成的平面。

使用平面区域命令，可以从两个途径生成平面。
1) 由一个平面草图生成一个有限边界组成的平面区域，如图 8-30 所示。
2) 由零件上的一个封闭环（必须在同一个平面上）生成一个有限边界组成的平面区域，如图 8-31 所示。

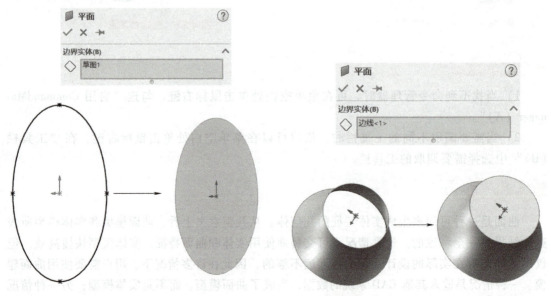

图 8-30　由草图生成平面　　　　图 8-31　由零件中的封闭环生成平面

#### 2. 等距曲面

等距曲面又称为复制曲面，是指原曲面上的所有点，均在过该点的曲面的法线方向上偏移指定的距离，从而形成一个新的曲面。当指定距离为 0mm 时，新曲面就是原有曲面的复制体。

等距曲面的创建方法如下：

- 在菜单栏中单击【插入】→【曲面】→【等距曲面】按钮。
- 单击【曲面】选项卡中的【等距曲面】按钮 。

选择侧面曲面进行等距，具体参数设置如图 8-32 所示。

注意：如果选择多个面，它们必须相邻。

#### 3. 延展曲面

延展曲面是指通过验证分型线、边线、一组相邻的平面或空间曲线来生成曲面。延展的方向平行于所选基准面，且延展方向可以向外，也可以向内。利用延展曲面可以将实体分割成两个部分。延展曲面的创建方法如下：

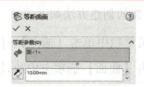

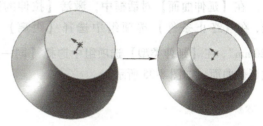

图 8-32 等距曲面实例

- 在菜单栏中单击【插入】→【曲面】→【延展曲面】按钮。
- 单击【曲面】选项卡中的【延展曲面】按钮 。

【曲面-延展】对话框如图 8-33 所示，选取一个与延展方向平行的参考基准面，输入延展参数，生成图 8-34 所示的曲面。

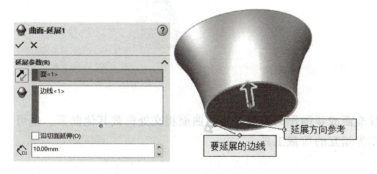

图 8-33 【曲面-延展】对话框

图 8-34 延展得到的曲面

### 二、修改曲面

用户可以用下列几种方法修改曲面：
1) 延伸曲面。
2) 裁剪已有曲面。

3）圆角曲面。

4）使用填充曲面来修补曲面。

5）移动/复制曲面。

6）删除和修补面。

### 1. 延伸曲面

延伸曲面是指沿一条或多条边线，或者一个曲面来扩展曲面，并使曲面的扩展部分与原曲面保持一定的几何关系。延伸曲面与剪裁曲面正好相反，但两者均给定大小或边界对原曲面区域进行调整操作。

延伸曲面的创建方法如下：

- 在菜单栏中单击【插入】→【曲面】→【延伸曲面】按钮。
- 单击【曲面】选项卡中的【延伸曲面】按钮 。

在【延伸曲面】对话框中，激活【拉伸的边线/面】列表框，在图形区选择要延伸的边线，在【终止条件】选项组中选择【距离】单选按钮，在【延伸距离】文本框中输入"20mm"，在【延伸类型】选项组中选择【同一曲面】单选按钮，单击【确定】按钮 ，生成延伸曲面，如图8-35所示。

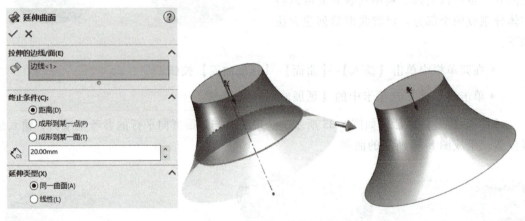

图8-35 生成延伸曲面

### 2. 剪裁曲面

剪裁曲面是指使用曲面、基准面或草图作为剪裁工具在曲面相交处剪裁其他曲面。也可以将曲面和其他曲面联合使用作为相互的剪裁工具。

裁剪曲面的创建方法如下：

- 在菜单栏中单击【插入】→【曲面】→【剪裁曲面】按钮。
- 单击【曲面】选项卡中的【剪裁曲面】按钮 。

如图8-36所示，利用一草图对已有曲面进行裁剪。在【曲面-剪裁】对话框中的【剪裁类型】选项组中选择【标准】单选按钮，激活【剪裁工具】列表框，在图形区选择剪裁工具曲线，激活【要移除部分】列表框，在图形区选择要移除的部分，单击【确定】按钮 ，生成剪裁曲面，如图8-36所示。

项目八　机械手臂曲面建模设计

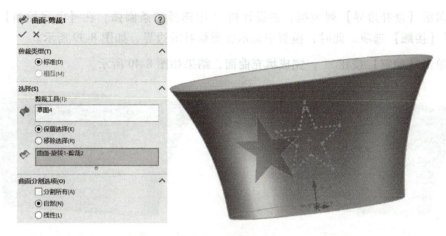

图 8-36　剪裁曲面

### 3. 填充曲面

填充曲面是指在现有模型边线、草图或曲线（包括组合曲线）定义的边界内构成带任何边数的修补曲面。用户可使用此特征来构造填充模型中缝隙的曲面。可以在下列情况下使用【填充曲面】命令：

1）纠正没有正确输入到 SOLIDWORKS（有丢失的面）中的零件。
2）填充用于型芯和型腔造型的零件中的孔。
3）构建用于工业设计应用的曲面。
4）生成实体。
5）作为独立实体的特征或合并实体特征。

下面以图 8-37 所示的曲面实体为例介绍填充曲面的操作步骤。

1）填充曲面的方法如下：

- 在菜单栏中单击【插入】→【曲面】→【填充曲面】按钮。
- 单击【曲面】选项卡中的【填充曲面】按钮。

【填充曲面】对话框，如图 8-38 所示。

图 8-37　曲面实体

图 8-38　【填充曲面】对话框

139

2）激活【修补边界】列表框，在设计树 中选择两条圆弧，在【曲率控制】下拉列表中选择【接触】选项。此时，模型中显示将要修补的边界，如图8-39所示。

3）单击【确定】按钮 ✓，完成填充曲面，结果如图8-40所示。

图8-39 选择边界　　　　　　　　　　图8-40 填充曲面结果

## 练 习 题

1）在SOLIDWORKS中，曲面的生成方式有几种？简述其在建模中的应用。

2）利用SOLIDWORKS中的曲面生成方式，绘制图8-41所示曲面。

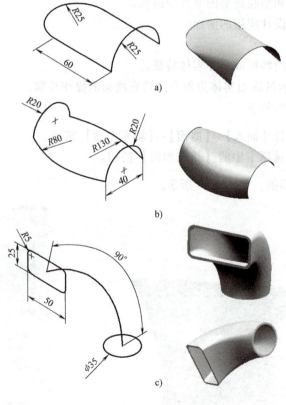

图8-41 练习

# 项目九 关节装配体数字化设计

**学习目标**

1) 了解零件装配的方法。
2) 熟悉添加配合关系、调用标准件的方法。
3) 掌握爆炸视图、标准工具库的使用方法。

**项目引入**

机械手臂驱动臂座与大手臂等的关节装配体如图 9-1 所示,关节装配体的爆炸视图如图 9-2 所示。本任务要求完成关节装配体的虚拟装配及装配体的爆炸视图。

图 9-1 关节装配体

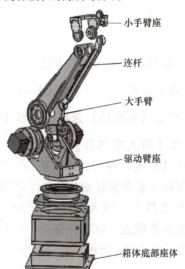

图 9-2 关节装配体爆炸视图

**项目分析**

装配体设计分为自下向顶设计和自顶向下设计两种方法。自下向顶设计是一种从局部到整体的设计方法,其主要思路是:先制作零部件,然后将零部件插入到装配体中进行组装,从而得到整个装配体。

出于制造目的，经常需要分离装配体中的零部件以形象地分析它们之间的关系。装配体的爆炸视图可以分离其中的零部件以便查看装配体。

关节装配体主要由箱体底部座体部件、驱动臂座、大手臂、驱动臂座与大手臂之间的连接和驱动件、连杆、小手臂座、大手臂与小手臂座之间的连接件组成。其零部件三维模形如图 9-2 所示。

在上述组成关节装配体的零部件中，有些在前面的学习过程中已创建并保存在适当位置，装配时可以直接调用；有些也可以在装配的时候在装配体的设计环境下新建；对一些标准件也可以从 Toolbox 设计库中直接选用。为方便读者，随书有本任务所有的".sldprt"格式三维模型，装配时可以直接选用。

### 项目实施

本项目由装配零件、添加配合关系、创建爆炸视图等任务组成，具体的任务如下。

## 任务一　创建箱体底部座体部件的装配

项目九　任务一

### 一、进入装配环境

新建装配体文件并命名。在【新建 SOLIDWORKS 文件】中，选择【装配体】，单击【确定】按钮 ✓，进入装配体环境并命名。

### 二、开始装配

#### 1. 插入零部件

在装配时插入零部件的方法如下：

- 在菜单栏中单击【插入】→【零部件】→【现有零件/装配体】按钮。
- 单击【装配体】选项卡中的【插入零部件】按钮 。

出现【插入零部件】对话框，单击【浏览】按钮，选择要插入的零件"底盘旋转蜗轮箱"，单击坐标系原点，插入该零件，定位在坐标系原点，该零件保持固定状态，如图 9-3 所示。

#### 2. 调出待装配零部件

单击【插入零部件】→【浏览】→【打开】按钮，调出底部座体待装配的零件"箱体底座""底盘法兰盖""底盘旋转蜗轮轴上法兰盖"，如图 9-4 所示。

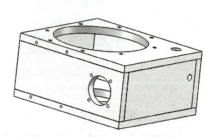

图 9-3　插入"底盘旋转蜗轮箱"零件

## 3. 完成装配配合

在装配时添加配合关系的方法如下：

> - 在菜单栏中单击【插入】→【配合】按钮。
> - 单击【装配体】选项卡中的【配合】按钮 ⌀。

出现【配合】对话框，单击图形区域中需要添加配合关系的零件，分别添加底盘旋转蜗轮箱与底盘法兰盖之间的【同轴心】【重合】【平行】关系，单击【确定】按钮 ✓，完成底盘旋转蜗轮箱与箱体底座的装配，如图9-5所示。

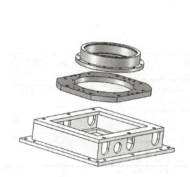

图9-4　调出待装配的零件

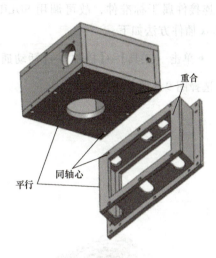

图9-5　底盘旋转蜗轮箱与箱体底座的装配

重复以上操作完成底盘法兰盖和底盘旋转蜗轮轴上法兰盖的装配，分别如图9-6、图9-7所示。

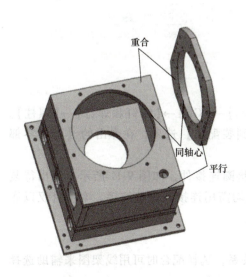

图9-6　底盘旋转蜗轮箱与底盘法兰盖的配合

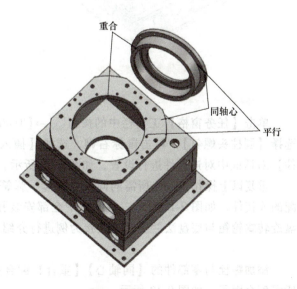

图9-7　底盘旋转蜗轮轴上法兰盖与底盘法兰盖的配合

装配时，选中零件单击鼠标左键可以拖拽待装配零件至合适的位置，选中零件单击鼠标右键，选择"以三重轴移动"可以根据需要转动或移动零件。装配好的箱体底部座体部件如图9-8所示，保存并命名为"箱体底部座体装配"。

### 三、连接件装配

零部件装配好后，需用连接件将其连接成一个整体，通常用的是螺栓连接方式，增加弹簧垫圈防松。

#### 1. 调用设计库中的标准件

连接件属于标准件，故可调用 SOLIDWORKS 插件 Toolbox 中的连接件进行装配。激活 Toolbox 插件方法如下：

> • 单击【工具】→【插件】→【活动插件】→【启动】按钮。

选择图 9-9 所示的复选框。

图 9-8　箱体底部座体装配

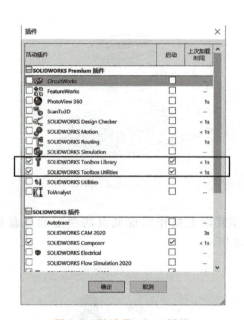

图 9-9　激活 Toolbox 插件

#### 2. 在【设计库】中选择连接件

单击【任务窗格】工具栏中的按钮 →【Toolbox】→【GB】→【螺钉和焊钉】→【螺柱】。选择【圆柱头螺钉】，单击鼠标右键，选择【插入到装配体】选项，在弹出的【配置零部件】对话框中对连接件进行设置，如图 9-10 所示。

重复以上操作，调出所需的同型号螺母、弹簧垫圈连接件，如图 9-11 所示。调出待装配的连接件，如图 9-12 所示。装配体中全部安装孔均需用连接件完整连接，本项目仅以底盘旋转蜗轮箱与底盘法兰盖两处连接为例进行介绍。

#### 3. 添加配合关系

添加螺栓与零部件的【同轴心】【重合】配合关系，选择配合时可用线架图来辅助选择所需配合因子，如图 9-13 所示。

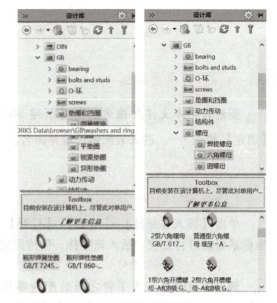

图 9-10 选择螺栓连接件　　　　　图 9-11 选择连接件

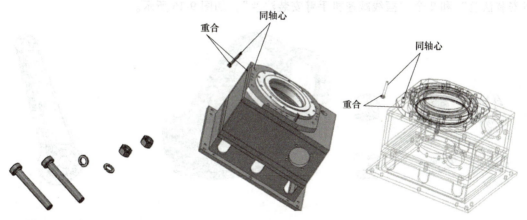

图 9-12 调出待装配连接件　　　　图 9-13 螺栓连接配合

**4. 添加螺母和弹簧垫圈连接**

用同样的操作方法，分别添加螺母、弹簧垫圈与零部件的【同轴】【重合】配合关系，装配好的部分连接件如图 9-14 所示。

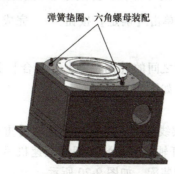

图 9-14 连接件装配

# 任务二　创建驱动臂座与大手臂的装配

项目九　任务二

## 一、进入装配环境

新建装配体文件并命名。在【新建 SOLIDWORKS 文件】中，选择【装配体】，单击【确定】按钮 ✓，进入装配体环境并命名。

## 二、开始装配

### 1. 插入驱动臂座零件

单击【插入零部件】→【浏览】→【打开】按钮，选择要插入的零件"驱动臂座"，单击坐标系原点进行定位，插入该零件，保持固定状态，如图 9-15 所示。

### 2. 调出待装配零部件

调出驱动臂座与大手臂之间装配的零部件，由于是对称结构，所以需要 1 个"大手臂"、2 个"摆线减速机"、2 个"连杆伺服电动机"、2 个"连杆轴承套"、2 个"摆线减速机安装法兰"和 2 个"摆线减速机手臂安装法兰"，如图 9-16 所示。

图 9-15　插入零件"驱动臂座"

图 9-16　调出待装配的零部件

### 3. 装配大手臂

先完成大手臂与摆线减速机手臂安装法兰的装配，单击【配合】按钮 ⌀，出现【配合】对话框，单击需要添加配合的零部件，分别添加大手臂与摆线减速机手臂安装法兰之间的【同轴心】【重合】关系，单击【确定】按钮 ✓，完成大手臂与摆线减速机手臂安装法兰的装配，如图 9-17 所示。

分别添加驱动臂座与大手臂之间的【同轴心】【重合】关系，单击【确定】按钮 ✓，完成驱动臂座与大手臂的装配，如图 9-18 所示。

### 4. 装配摆线减速机

在【配合】对话框中添加摆线减速机与驱动臂座的【重合】【同轴心】配合关系，如图 9-19 所示。另一侧需先将连杆轴承套安装到摆线减速机后，再将得到的整体部件装配至驱动臂座上，以便于后续连杆的装配，如图 9-20 所示。

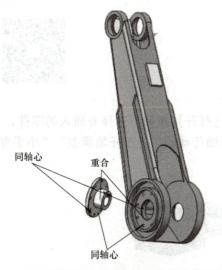

图 9-17 大手臂与摆线减速机手臂安装法兰的装配

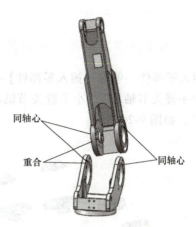

图 9-18 驱动臂座与大手臂的装配

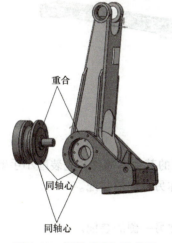

图 9-19 摆线减速机的装配

图 9-20 连杆轴承套的装配

重复以上操作方法,按顺序完成摆线减速机安装法兰和连杆伺服电动机的装配,分别如图 9-21 和图 9-22 所示。装配完成后的最终效果图如图 9-23 所示。

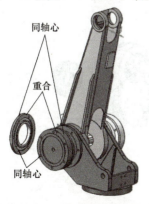

图 9-21 摆线减速机安装法兰的装配

图 9-22 连杆伺服电动机的装配

图 9-23 最终效果图

## 任务三  完成关节上其他零部件的装配

项目九　任务三

### 一、调出待装配的其他零部件

插入零部件。单击【插入零部件】→【浏览】→【打开】按钮,选择要插入的零件,分别为"小手臂关节轴承""小手臂关节轴心""连杆轴传动轴""连杆轴承盖""小手臂座""连杆",如图 9-24 所示。

图 9-24　其他待装配的零部件

### 二、开始装配

#### 1. 完成小手臂关节轴心的装配

以装配好的驱动臂座与大手臂为基础,完成待装配的其他零部件。先装配小手臂关节轴心,配合关系如图 9-25 所示。重复以上操作,完成对称另一侧的装配。

#### 2. 完成小手臂关节轴承的装配

配合关系如图 9-26 所示,重复以上操作,完成对称另一侧的装配。

图 9-25　小手臂关节轴心的装配

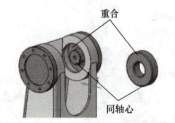

图 9-26　小手臂关节轴承的装配

#### 3. 完成小手臂座的装配

配合关系如图 9-27 所示。添加配合关系的方式灵活多样,读者也可以根据自己的装配习惯选择合理的配合关系。

### 4. 完成连杆轴传动轴的装配

配合关系如图 9-28 所示。

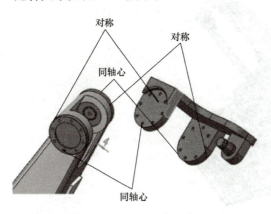
图 9-27 小手臂座的装配

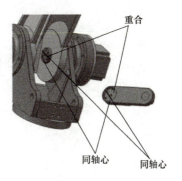
图 9-28 连杆轴传动轴的装配

### 5. 完成连杆、连杆轴承盖的装配

分别添加【重合】【同轴心】几何关系，装配好的连杆如图 9-29 所示，装配好的连杆轴承盖如图 9-30 所示。

图 9-29 连杆的装配

图 9-30 连杆轴承盖的装配

## 三、保存文件

保存文件并命名为"关节装配体上部"。

## 任务四　整体装配

### 1. 打开文件

调出已安装好的"箱体底部座体装配"文件。

### 2. 添加几何关系

分别添加【重合】【同轴心】关系，将底座装配至"关节装配体上部"，装配好的整体模型如图 9-31 所示，保存并命名为"关节装配体"。

项目九　任务四

图 9-31 "关节装配体"模型

## 任务五  完成装配体爆炸视图

### 1. 打开爆炸视图

打开爆炸视图的操作方法如下：

> - 在菜单栏中单击【插入】→【爆炸视图】按钮。
> - 单击【装配体】选项卡中的【爆炸视图】按钮 。

出现【爆炸视图】对话框，【选项】选项组中的参数设置如图 9-32 所示。

### 2. 完成自动爆炸视图

框选"关节装配体"模型，在图形区域中显示"X""Y""Z"三个爆炸方向，用鼠标光标沿轴线拖动，单击【确定】按钮 ✓，完成自动爆炸，如图 9-33 所示。

图 9-32 【爆炸】对话框

图 9-33 爆炸方向

项目九　关节装配体数字化设计

## 任务六　生成装配体爆炸视图动画

### 1. 解除爆炸视图动画

在设计树中，选中装配体名称图标并单击鼠标右键，在出现的快捷菜单中选择【动画解除爆炸】，出现【动画控制器】对话框，如图9-34所示。单击播放按钮，图形区播放关节装配体解除爆炸的动画。

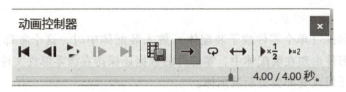

图9-34　【动画控制器】对话框

### 2. 生成爆炸视图动画

在【动画控制器】对话框中单击【保存动画】按钮，出现【保存动画到文件】对话框，如图9-35所示。

在【保存动画到文件】对话框中确定动画文件的名称、文件格式（默认为".avi"）和保存路径等，单击【保存】按钮，在随后出现的【视频压缩】对话框中，单击【确定】按钮，生成爆炸视图动画。

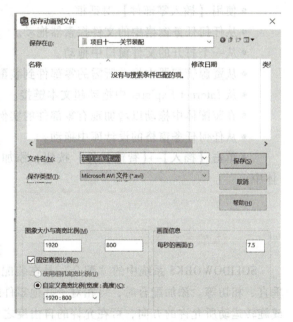

图9-35　【保存动画到文件】对话框

### 现场经验

1）当装配体零部件的相互配合关系较为简单时，采用自下向顶设计方法是较好的选择，因为零部件是独立设计的，可以让设计人员更专注于单个零件的设计和修改工作。

2）当装配体零部件间相互配合复杂、相互影响的配合关系较多且在多数装配零部件外部尺寸未确定时，自顶向下的设计方法是最佳的选择。

3）用自顶向下设计时要仔细规划，不要随便更换文件名。

### 项目拓展

## 一、零件装配

### 1. 新建装配体文件

在SOLIDWORKS中创建装配体文件与创建零件文件的方法类似，通常使用装配体模板来创建新装配体。

装配体的创建界面与零件的创建界面基本相同，调出"装配体"工具栏，在装配体的创建界面中即出现图 9-36 所示的【装配体】工具栏。

图 9-36 【装配体】工具栏

**2. 在装配体中插入零部件**

当将一个零部件（单个零件或子装配体）放入装配体中时，这个零部件文件会与装配体文件链接。零部件出现在装配体中，零部件的数据还保持在源零部件文件中，因此对零部件文件所进行的任何改变都会更新装配体。

有多种方法可以将零部件添加到一个新的或现有的装配体中：

- 使用【插入零部件】对话框。
- 从任何任务窗格中的文件探索器拖动。
- 从一个打开的文件窗口中拖动。
- 从资源管理器中拖动所需的零部件到装配体中。
- 从 Internet Explorer 中拖动超文本链接。
- 在装配体中拖动以增加现有零部件的实例。
- 从任何任务窗格的设计库中拖动。
- 单击【插入】→【智能扣件】按钮，添加螺栓、螺钉、螺母、销钉以及垫圈到装配体中。

## 二、添加配合关系

SOLIDOWORKS 系统中的"配合"是在装配体零部件之间生成几何约束关系，如共点、垂直、相切等。添加配合时，可相对于其他零件进行精确地定位，还可定义零部件间的线性或旋转运动所允许的方向，可在允许的自由度之内移动零部件，从而直观化装配体的操作。

**1. 装配的配合关系类型**

在 SOLIDWORKS 装配体中，主要有三类配合关系，分别为标准配合、高级配合和机械配合，下面列举几种常见的配合关系：

1) 【重合】：使所选对象（基准面、直线、边线、曲面之间相互组合或与单一顶点组合）重合在一条无限长的直线上，或将两个点重合等。

2) 【垂直】：使所选对象保持垂直。

3) 【相切】：使所选的对象相切（其中所选对象必须至少有一项为圆柱面、圆锥面或球面）。

4) 【同轴心】：使所选的对象位于同一中心点。

5)　◢【平行】：使所选的对象相互平行。

6)　⊢⊣【距离】：使所选的对象之间保持指定距离。

7)　∠【角度】：使所选对象以指定的角度配合。

8)　⊘【对称】：使所选对象相对于基准面对称放置。

9)　⬭【凸轮推杆】：使所选对象相切或重合放置（其中所选对象之一为相切曲线或凸轮的拉伸系列）。

**2. 添加配合的应用**

**实例 1：标准配合应用**

1) 打开随书资源中的"装配体实例 1.sldasm"文件，并插入一个"短轴 1"的零件。

2) 打开【配合】对话框，激活【要配合的实体】列表框，在图形区选择需配合的实体，单击【同轴心】【平行】按钮，如图 9-37 所示，单击【确定】按钮 ✓，添加配合关系，单击【保存】按钮，完成装配。

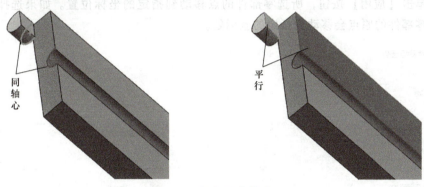

图 9-37　添加配合关系

**实例 2：移动零部件**

1) 打开前面保存的"装配体实例 1.sldasm"文件，如图 9-38 所示。

图 9-38　装配体实例 1

2) 单击【装配体】工具栏中的【移动零部件】按钮，出现【移动零部件】对话框，如图 9-39 所示，这时候鼠标光标变为移动图标 ✥。在【移动零部件】对话框中，移动零部件的类型有：【自由拖动】【沿装配体 XYZ】【沿实体】【由 Delta XYZ】和【到 XYZ 位置】5 类，如图 9-40 所示。选定要移动的零件"短轴 1"，拖动到合适的位置。单击【确定】按钮✓，添加配合关系，单击【保存】按钮，完成装配。

下面介绍这 5 类移动方式：

1)【自由拖动】：系统默认选项，可以在视图中把选中的文件拖动到任意位置。

2)【沿装配体 XYZ】：选择零部件并沿装配体的 X、Y、Z 方向拖动。视图中显示的装配体坐标系可以确定移动的方向，在移动前要在欲移动方向的轴附近单击鼠标左键。

3)【沿实体】：首先选择实体，然后选择零部件并沿该实体拖动。如果选择的实体是一条直线、边线或轴，所移动的零部件具有 1 个自由度。如果选择的实体是一个基准面或平面，所移动的零部件具有 2 个自由度。

4)【由 Delta XYZ】：在【移动零部件】对话框中输入移动 Delta XYZ 的范围，然后单击【应用】按钮，零部件按照指定的数值移动。

5)【到 XYZ 位置】：选择零部件的一点，在【移动零部件】对话框中输入 X、Y、Z 坐标，然后单击【应用】按钮，所选零部件的点移动到指定的坐标位置。如果选择的对象不是点，则零部件的原点会移动到指定的坐标处。

图 9-39 【移动零部件】对话框

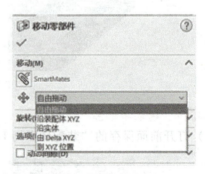

图 9-40 移动零部件的方式

**实例 3：对称配合**

1) 打开前面保存的"装配体实例 1.sldasm"文件。再插入一个"短轴 1"的零件。

2) 按照实例 1 的操作步骤对插入的另外一个"短轴 1"零件添加【同轴心】和【平行】配合关系，如图 9-41 所示。

3) 单击【配合】按钮，出现【配合】对话框，展开【高级配合】选项组，单击【对称】按钮，激活【要配合的实体】列表框，在图形区选择两个"短轴 1"的端面，在【对称基准面】列表框中选择【右视基准面】，单击【确定】按钮✓，添加【对称】配合关系，如图 9-42 所示。

**实例 4：限制配合**

1) 单击【配合】按钮，出现【配合】对话框，展开【高级配合】选项组，单击

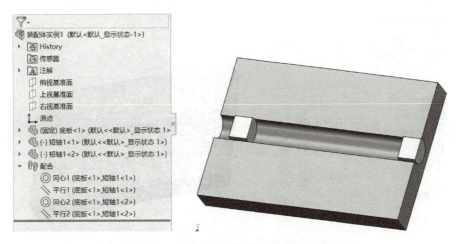

图 9-41 插入另一"短轴 1"并添加配合

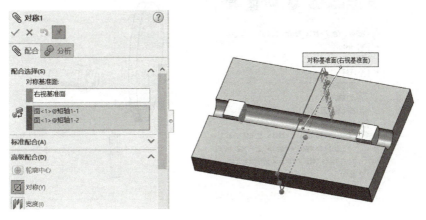

图 9-42 对称配合实例

【距离】按钮,激活【要配合的实体】列表框,在图形区选择两个"短轴 1"的端面,在【最大值】文本框内输入"60mm",在【最小值】文本框内输入"5mm",添加受限制配合,单击【确定】按钮,如图 9-43 所示。

2) 单击【移动零部件】按钮,出现【移动零部件】对话框,选择【自由拖动】选项,鼠标光标变成 形状,展开【选项】选项组,选择【标准拖动】,按住鼠标左键拖动,观察移动情况。

实例 5:凸轮配合

1) 新建一个装配体文件,单击【确定】按钮,进入装配体窗口,出现【插入零部件】对话框。选择【生成新装配体时开始指令】和【图形预览】复选框,单击【浏览】按钮,出现【打开】对话框。选择要插入的零件"轴",单击【打开】按钮,单击坐标系原点,则在坐标系原点处插入"轴"。依次插入其余零件,单击【保存】按钮,命名为"凸轮系统",如图 9-44 所示。

2) 单击【配合】按钮,出现【配合】对话框。分别选择"凸轮 1 轴孔""轴",单

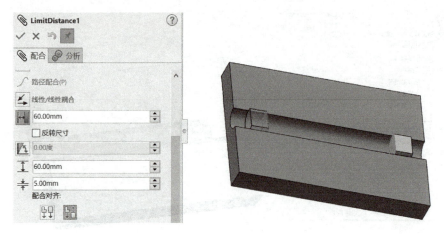

图 9-43 限制配合实例

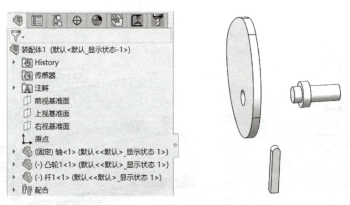

图 9-44 "凸轮系统"装配体

击【同轴心】按钮,单击【确定】按钮 ✓ ,添加同轴心配合,如图 9-45a 所示。

3) 单击【配合】按钮 ⌘ ,出现【配合】对话框。激活【要配合的实体】列表框,在图形区选择"凸轮 1"平面和"轴"肩台,单击【重合】按钮,单击【确定】按钮 ✓ ,完成重合配合,如图 9-45b 所示。

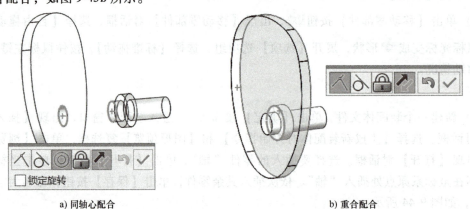

a) 同轴心配合  b) 重合配合

图 9-45 "凸轮 1"和"轴"配合

4）单击【配合】按钮 ，出现【配合】对话框。激活【要配合的实体】列表框。在图形区选择"凸轮1"前端面和"杆1"前端面，单击【重合】按钮，单击【确定】按钮 ，添加重合配合，如图9-46a所示。

5）单击【配合】按钮 ，出现【配合】对话框。激活【要配合的实体】列表框。在图形区选择"前视基准面"和"杆1"右视基准面，单击【重合】按钮，单击【确定】按钮 ，添加重合配合，如图9-46b所示。

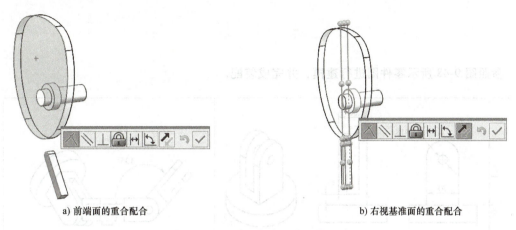

a) 前端面的重合配合　　　　　　　　　　b) 右视基准面的重合配合

图9-46　"凸轮1"与"杆1"配合

6）单击【配合】按钮 ，出现【配合】对话框。展开【机械配合】选项组，单击【凸轮】按钮，激活【要配合的实体】列表框，在图形区选择"凸轮"平面，在【凸轮推杆】列表框选择"杆1"端面，添加凸轮配合，单击【确定】按钮 ，如图9-47所示。

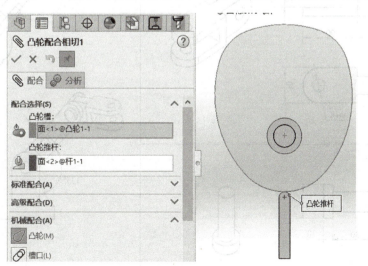

图9-47　凸轮系统配合

7）打开【旋转零部件】对话框，选择【自由拖动】选项，鼠标光标变为 形状，展开【选项】选项组，选中【标准拖动】单选按钮，按住鼠标左键拖动，观察移动情况。

### 三、爆炸视图

出于制造目的，经常需要分离装配体中的零部件以形象地分析它们之间的关系。装配体的爆炸视图可以分离其中的零部件以便查看这个装配体。装配体爆炸后，不能给装配体添加配合。

一个爆炸视图包括一个或多个爆炸步骤，每一个爆炸视图保存在所生成的装配体文件中。每一个文件都可以有一个爆炸视图。

## 练 习 题

参照图 9-48 所示零件图进行建模，并完成装配。

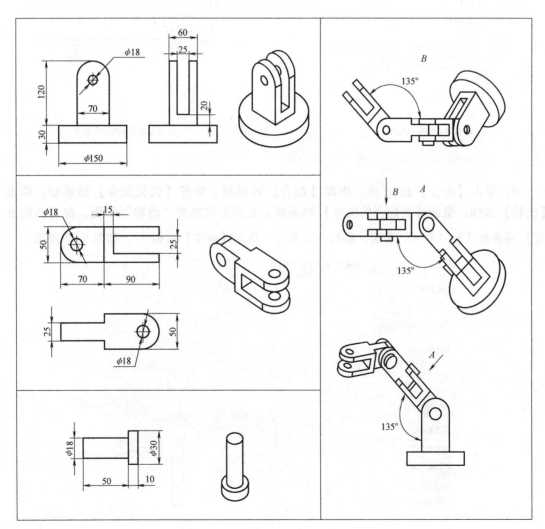

图 9-48　练习

# 项目十　工业机器人手腕直齿轮数字化设计

> **学习目标**
> 1）了解使用运动方程式驱动曲线的方法。
> 2）熟悉使用 Toolbox 工具创建标准齿轮的方法。
> 3）掌握齿轮装配及齿轮传动的运动模拟方法。

> **项目引入**

工业机器人手腕是连接机械手臂与末端操作结构的部件，它的作用是调节或改变工件的方向；工业机器人手腕功能的实现需要运用齿轮机构来传递运动或力。如图 10-1 所示，本项目要求完成工业机器人手腕"直齿 2"与"直齿 4"齿轮传动机构的设计和运动模拟。其中齿轮机构主要参数如下：

"直齿 4"：模数为 2mm，齿数为 16，压力角为 20°，齿面宽为 20mm，标称轴直径为 14mm。

"直齿 2"：模数为 2mm，齿数为 47，压力角为 20°，齿面宽为 20mm，标称轴直径为 60mm。

图 10-1　手腕直齿齿轮机构

> **项目分析**

SOLIDWORKS 提供了一系列方便的方式进行齿轮的建模，调用 SOLIDWORKS 集成的 Toolbox 工具，可直接根据齿轮的参数进行齿轮建模。模型完成后即可进行齿轮装配和运动模拟。

> **项目实施**

本项目由创建齿轮模型、齿轮装配体和齿轮运动模拟任务组成，具体的任务如下。

## 任务一　创建圆柱直齿轮

项目十　任务一

### 一、调用 Toolbox 工具

开启 Toolbox 插件的操作方法如下：

> - 单击【工具】→【插件】按钮，选择图 10-2 所示复选框。
> - 在【设计库】列表栏中，单击【Toolbox】，如图 10-3 所示。

注意：若【任务窗格】工具栏没有打开时，单击【视图】→【任务窗格】按钮。

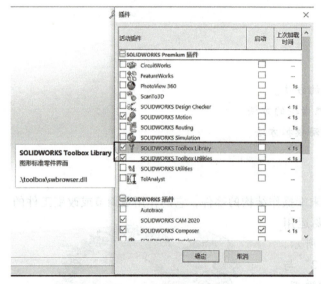

图 10-2 【插件】对话框

图 10-3 【设计库】列表栏

### 二、创建"直齿 4"

#### 1. 打开设计库

单击【任务窗格】工具栏中的设计图标 ，弹出【设计库】列表栏。

#### 2. 选择【齿轮】节点

在【Toolbox】下拉列表中展开【ISO】节点下的【动力传动】，并选择【齿轮】节点。此时，在列表栏下面的列表中显示出齿轮类的标准件图标，如图 10-4 所示。

#### 3. 创建"直齿 4"

选择图 10-4 中所示的"正齿轮"图标并单击鼠标右键，选择【生成零件】命令。在弹出的【配置零部件】对话框中设置参数，如图 10-5 所示。单击【确定】按钮，完成"直齿 4"的创建。

### 三、创建"直齿 2"

重复以上操作步骤，设置如图 10-6 所示，单击【确定】按钮，完成"直齿 2"的创建。

图 10-4 齿轮类型

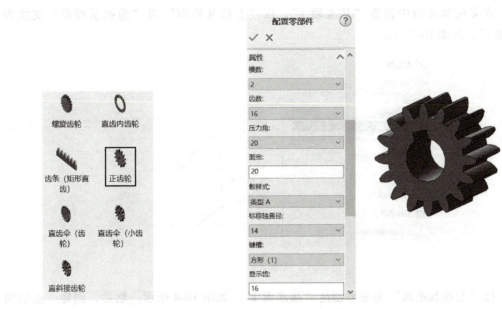

图 10-5 创建"直齿 4"

图 10-6 创建"直齿 2"

## 任务二　创建齿轮装配

### 一、进入装配环境

1）新建 SOLIDWORKS 装配体文件，关闭弹出的【开始装配体】对话框。

2）确定装配齿轮位置基准轴。由两齿轮参数确定齿轮分度圆尺寸，然后根据齿轮啮合条件计算齿轮轴间距离，计算出 63mm 为"直齿 2"与"直齿 4"的轴间距离。

3）在装配体环境中创建"基准轴1"。以"右视基准面"与"前视基准面"交线为"基准轴1",如图10-7所示。

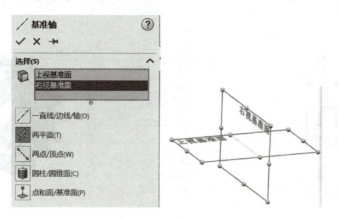

图10-7 创建"基准轴1"

4）以"右视基准面"为参考创建"基准面1",如图10-8所示。然后,创建"基准轴2",如图10-9所示。

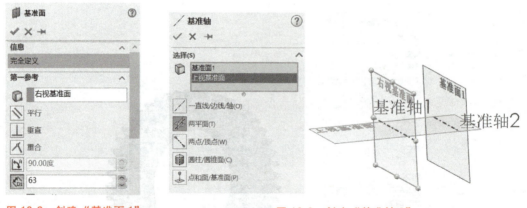

图10-8 创建"基准面1"　　　　图10-9 创建"基准轴2"

## 二、插入"直齿4"

1）插入"直齿4"。插入"直齿4"方法如下:

- 在菜单栏中单击【插入】→【零部件】→【现有零件/装配体】按钮 。
- 单击【装配体】选项卡中的【插入零部件】按钮 。

2）设计"直齿4"可浮动。在设计树中用鼠标右键单击"直齿4"节点,更改 (固定)为 浮动(Q) 。

3）定位"直齿4"。

打开【配合】对话框。分别设置"直齿4"的内孔轴与"基准轴1"【重合】,齿轮侧面和"前视基准面"【重合】,如图10-10和图10-11所示,单击【确定】按钮,完成"直齿 4"的定位,如图 10-12 所示。

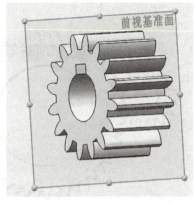

图 10-10 设置轴【重合】　　图 10-11 设置面【重合】　　图 10-12 "直齿 4"的定位

### 三、插入"直齿 2"

1）插入"直齿 2"并将其放在合适的位置,如图 10-13 所示。

2）定位"直齿 2"。打开【配合】对话框,分别设置"直齿 2"的内孔轴与"基准轴 2"【重合】,"直齿 4"侧面和"直齿 2"侧面【重合】,如图 10-14 和图 10-15 所示,单击【确定】按钮,完成"直齿 2"的定位,如图 10-16 所示。

图 10-13 插入"直齿 2"

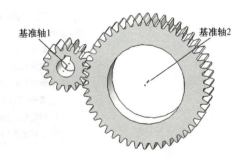

图 10-14 设置轴【重合】　　图 10-15 设置面【重合】　　图 10-16 "直齿 2"的定位

### 四、设置齿轮配合关系

#### 1. 相接处齿廓表面相切

在实际工作中,两个互相接触的齿轮齿廓表面应处于相切的配合状态,因此,需要添加【相切】的配合关系,如图 10-17 所示。

#### 2. 添加大小齿轮配合关系

在【配合选择】列表框中,选择两个齿轮的内孔,具体参数设置如图 10-18 所示。

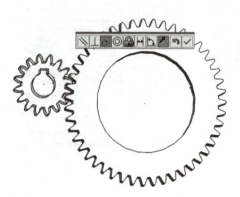

图 10-17 添加【相切】的配合关系

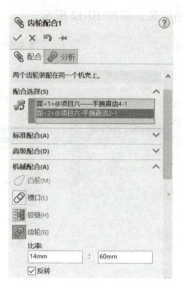

图 10-18 【齿轮配合】对话框

## 任务三  齿轮运动模拟

### 1. 删除齿廓表面的【相切】配合关系

展开设计树中的 配合节点，用鼠标右键单击"相切 1"，选择【删除】命令，删除两齿轮相互接触的齿廓表面的相切关系，如图 10-19 所示。

项目十  任务三

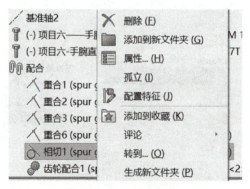

图 10-19 删除齿廓表面的相切关系

### 2. 创建运动算例

单击界面左下角的【运动算例】按钮 运动算例1 ，出现运动算例界面，如图 10-20 所示。

图 10-20 运动算例界面

### 3. 设置运动参数

在【运动算例】工具栏中，单击【马达】按钮，出现【马达】对话框，参数设置如图 10-21 所示。

### 4. 运动模拟

在图 10-20 所示的运动算例界面中，设置运动类型为【基本运动】，单击【计算】按钮，完成两个齿轮的运动模拟，如图 10-22 所示。

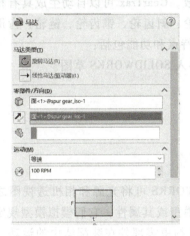

图 10-21 【马达】对话框

图 10-22 齿轮运动模拟

### 现场经验

1) 使用 SOLIDWORKS 草图绘制工具中【方程式驱动的曲线】命令，可通过定义笛卡儿坐标系的方程式来生成所需要的连续曲线。

2)【方程式驱动的曲线】命令可以定义【显性】和【参数性】两种方程式。【显性】方程式在定义了起点和终点处的 $X$ 值以后，$Y$ 值会随着 $X$ 值的范围而自动得出；而【参数性】方程式则需要定义曲线起点和终点处对应的参数（$T$）值范围，$X$ 值表达式中含有变量 $T$，同时为 $Y$ 值定义另一个含有 $T$ 值的表达式，这两个方程式都会在 $T$ 的定义域范围内求解，从而生成需要的曲线。

3) 对于一般的方程式曲线，SOLIDWORKS 曲线方程式工具都可以很好地支持，相比以往通过绘制关键点坐标等其他方法来说，在曲线精度、绘制效率和修改参数等方面都极大地方便了用户。

### 项目拓展

#### 一、标准件工具库

标准件工具库 ToolBox 提供了多种标准（如 ISO、DIN 等）的标准件库。利用标准件库，设计人员不需要对标准件进行建模、在装配中直接采用拖放操作就可以在模型的相应位置装配指定类型、指定规格的标准件。

设计人员还可以利用 ToolBox 简单地选择所需标准件的参数，自动生成零件。ToolBox

提供的标准件以及设计功能包括：轴承以及轴承使用寿命计算；螺栓和螺钉、螺母；圆柱销；垫圈和挡圈；拉簧和压簧；PEM 插件；常用夹具；铝截面、钢截面、梁的计算；凸轮传动、链传动和带传动设计。

### 二、齿轮和齿轮副设计软件

齿轮和齿轮副设计软件 GearTrax 主要用于精确齿轮的自动设计和齿轮副的设计。通过指定齿轮类型、模数、齿数、压力角以及其他相关参数，GearTrax 可以自动生成具有精确齿形的齿轮。GearTrax 可以设计的齿轮类型包括：直齿轮、斜齿轮、锥齿轮、链轮、齿形带齿轮、花键、V 带带轮、蜗轮和蜗杆等。Gear Trax 主要特点和功能包括：

1) 真正的精确渐开线齿廓，渐开线齿廓曲线可导入 SOLIDWORKS 草图。
2) 自动计算变位量。
3) 支持塑料齿轮设计标准。
4) 齿轮所有参数均可由用户控制。

### 三、运动算例

运动算例是装配体模型运动的图形模拟。SOLIDWORKS 可将光源和相机透视图之类的视觉属性融合到运动算例中。运动算例不更改装配体模型或其属性，它们模拟模型规定的运动。可使用 SOLIDWORKS 中的"配合"命令在建模时约束零部件在装配体中的运动。运动算例工具有：

1) 动画。可使用动画来显示装配体的运动：添加电动机来驱动装配体一个或多个零件的运动。使用设定键码点在不同时间规定装配体零部件的位置。动画使用插值来定义键码点之间装配体零部件的运动。
2) 基本运动。可使用基本运动在装配体上模拟电动机、弹簧、接触以及引力。基本运动在计算运动时考虑到质量。基本运动计算速度很快，所以可将其用来生成演示性动画。
3) 运动分析。可使用运动分析精确模拟和分析装配体上运动单元的效果（包括力、弹簧、阻尼以及摩擦）。运动分析使用计算能力强大的动力求解器，在计算中考虑到材料属性、质量及惯性。还可使用运动分析来标绘模拟结果供进一步分析。

### 四、渐开线齿轮的精确设计

运用 SOLIDWORKS 软件中【方程式驱动的曲线】命令，可以精确设计渐开线标准齿轮。

#### 1. 齿轮渐开线齿廓的数学表达

渐开线齿轮齿形的轮廓形状如图 10-23 所示。轮廓形状主要由渐开线、过渡曲线、齿顶圆、齿根圆围成。其中 AB 段是过渡曲线，BC 段是渐开线，其他部分是齿顶圆和齿根圆的一段。

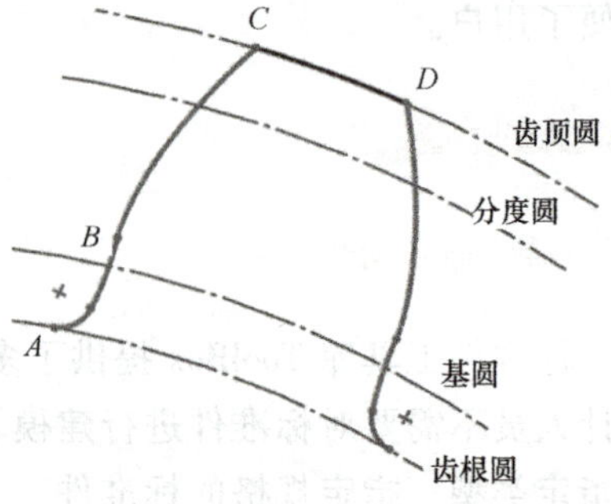

渐开线是一直线沿一个圆的圆周做纯滚动时，直线上任一点留下的轨迹曲线，该直线称为渐开线发生线，该圆称为基圆。由渐开线的生成原理，可得到渐开线的

图 10-23 渐开线齿轮齿廓的曲线组成

参数方程为：

$$\begin{cases} X = r_b(\cos t + t\sin t) \\ Y = r_b(\sin t - t\cos t) \end{cases}$$

式中　$X$、$Y$——渐开线上任一点的直角坐标值；

　　　$r_b$——基圆半径；

　　　$t$——变参数，代表展角范围，$0<t<2\pi$。

在任务一中创建的小齿轮"直齿4"中，齿轮参数：模数为"2mm"，齿数为"16"，压力角为"20°"，齿面宽为"20mm"，$A$点处直径为"14mm"。

由渐开线齿轮相关公式可知：

齿根圆直径：$d_f = m(z-2.5)$；

齿顶圆直径：$d_a = m(z+2)$；

分度圆直径：$d = mz$；

基圆直径：$d_b = d\cos\alpha = mz\cos\alpha$；

齿厚对应的圆心角：$\theta = 180°/z$

把齿轮参数代入公式，可得：$\begin{cases} X = 15.035(\cos t + t\sin t) \\ Y = 15.035(\sin t - t\cos t) \\ t_0 = 0 \\ t_1 = \pi/2 \end{cases}$

**2. 绘制齿轮的齿形渐开线**

新建草图，选择【前视基准面】为草图平面，使用方程式驱动的曲线方法如下：

- 在菜单栏中单击【工具】→【草图绘制实体】→【方程式驱动的曲线】按钮。
- 单击【草图】工具栏中的【样条曲线】按钮右侧下三角按钮，在弹出的下拉列表中选择【方程式驱动的曲线】按钮。

在【方程式驱动的曲线】对话框中，参数设置如图10-24所示，单击【确定】按钮，完成齿轮的齿形渐开线绘制，如图10-25所示。

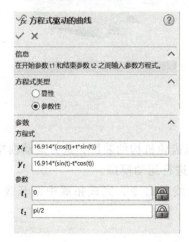

图10-24　【方程式驱动的曲线】对话框

图10-25　齿轮齿形渐开线

### 3. 绘制齿根过渡曲线

固定齿形渐开线；以坐标系原点为圆心绘制齿根圆、分度圆和齿顶圆，根据公式计算直径分别为 27mm、36mm、32mm；取 $R5mm$ 和 $R0.5mm$ 圆弧为齿根过渡曲线，连接齿形渐开线和齿根圆，添加【相切】几何关系，如图 10-26 所示。

### 4. 绘制齿廓草图

镜像齿根过渡曲线和齿形渐开线，修剪轮廓，完成图 10-27 所示的齿廓草图。

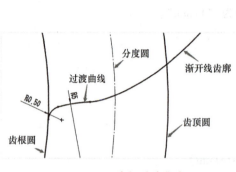
图 10-26　齿根过渡曲线

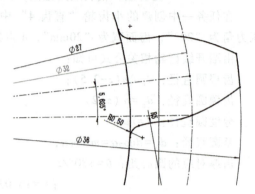
图 10-27　齿廓草图

### 5. 拉伸创建齿轮轮齿

分别拉伸齿根圆和齿廓曲线，拉伸深度为 20mm（齿轮面宽），如图 10-28 所示。

### 6. 完成渐开线齿轮设计

圆周阵列生成 16 只齿，拉伸切除生成中间轴孔，完成渐开线齿轮的设计，如图 10-29 所示。

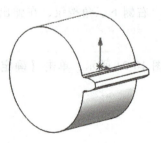
图 10-28　创建齿轮轮齿

图 10-29　渐开线齿轮

## 练 习 题

1) 请按照上面的步骤创建两个圆柱直齿轮，完成齿轮机构的装配，进行运动模拟。
2) 完成项目九装配后，在关节处添加"马达"，进行运动模拟。
3) 使用 SOLIDWORKS 软件中"方程式驱动的曲线"命令，完成拓展中渐开线齿轮的三维数字化设计。

# 项目十一　轨迹练习夹具工程图生成

### 学习目标

1) 熟悉建立标准三视图、断面图、剖视图的操作方法。
2) 熟悉建立局部视图、标注尺寸、输入工程符号的方法。
3) 掌握使用零件三维模型生成工程图的能力。

### 项目引入

前面章节学习了零件的三维建模,在实际生产中,我们还需将设计好的三维模型转换为工程图,本项目要求完成图11-1所示的轨迹练习夹具工程图的建立,所建立的工程图如图11-2所示。

图11-1　轨迹练习夹具

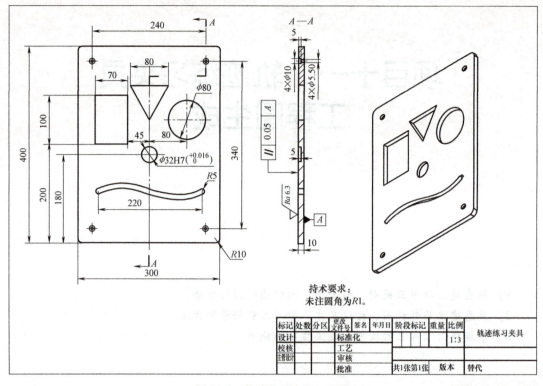

图 11-2 轨迹练习夹具工程图

### 项目分析

由图 11-2 所示的轨迹练习夹具的工程图可以看出，要建立工程图，首先要生成标准三视图，然后在三视图的基础上生成剖视图、断面图、三视图等，完成工程图后还需要在工程图上进行尺寸标注和工程符号标注。

### 项目实施

本项目由设置工程图图纸格式、创建剖视图、主视图、尺寸标注和技术要求标注等任务组成，具体的任务如下。

## 任务一　设置工程图图纸格式

项目十一　任务一

#### 1. 新建工程图文件

在【新建 SOLIDWORKS 文件】对话框中选择【工程图】命令，单击【确定】按钮，出现【图纸格式/大小】对话框。选择【标准图纸大小】图纸格式，如图 11-3 所示。根据零件大小设置图纸格式和大小，选择【A3（GB）】进入工程图界面，如图 11-4 所示。

#### 2. 定制样式

根据机械制图国家标准对工程图的文字样式和标注样式进行重新定制。单击【工具】→

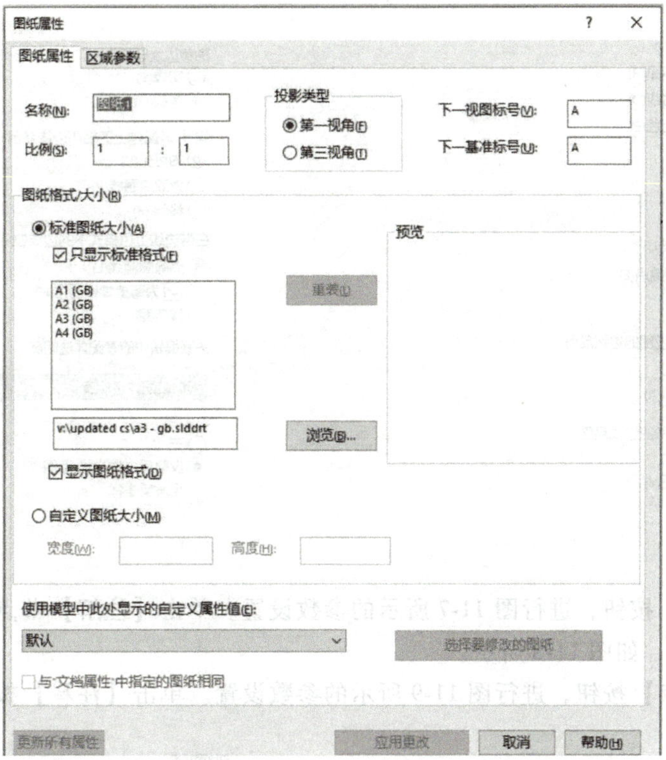

图 11-3 【图纸属性】对话框

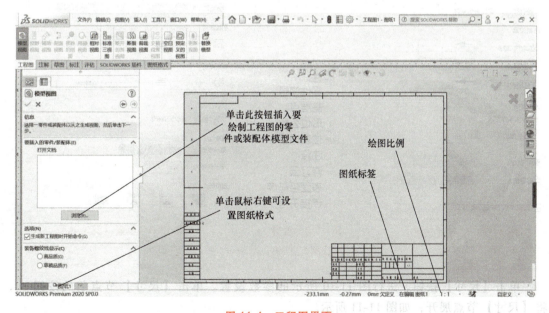

图 11-4 工程图界面

【选项】按钮,弹出【系统选项】对话框。切换到【系统选项】选项卡,单击【显示类型】按钮,进行图 11-5 所示的参数设置;单击【显示】按钮,进行图 11-6 所示的参数设置。切换到【文档属性】选项卡,单击【绘图标准】按钮,在【绘图总标准】下拉列表中选择【GB】。

图 11-5 设置【显示类型】　　　　图 11-6 设置【显示】

单击【注解】按钮，进行图 11-7 所示的参数设置。单击【注解】节点前的按钮 ⊞，将【注解】节点展开，如图 11-8 所示。

单击【基准点】按钮，进行图 11-9 所示的参数设置。单击【注释】按钮，修改字体。

图 11-7 设置【注解】　　图 11-8 展开　　图 11-9 设置【基准点】
　　　　　　　　　　　　【注解】节点

单击【尺寸】按钮，进行图 11-10 所示的参数设置。单击【尺寸】节点前的按钮 ⊞，将【尺寸】节点展开，如图 11-11 所示。

单击【角度】按钮，进行图 11-12 所示的参数设置。

单击【孔标注】按钮，进行图 11-13 所示的参数设置。

单击【表格】按钮，将【字体】设置为【仿宋】。

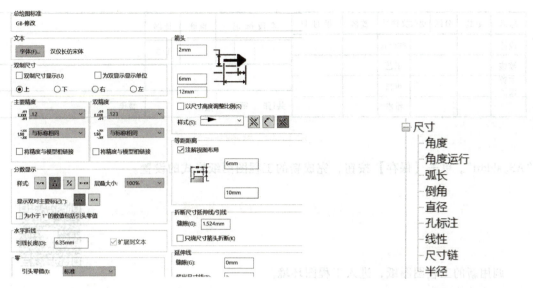

图 11-10 设置【尺寸】　　　　　图 11-11 展开【尺寸】节点

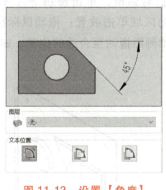

图 11-12 设置【角度】

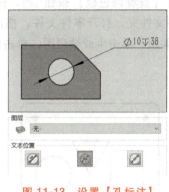

图 11-13 设置【孔标注】

**3. 投影类型设置**

选择设计树 中的【图纸1】并单击鼠标右键,从快捷菜单中选择【属性】命令,弹出【图纸属性】对话框。选择【投影类型】中的【第一视角】,根据模型大小设置【比例】为【1∶3】,单击【确定】按钮。

**4. 切换到编辑图纸格式状态**

选择设计树 中的【图纸1】并单击鼠标右键,从快捷菜单中选择【编辑图纸格式】命令,切换到编辑图纸格式状态。

按照图纸格式使用【矩形】【注释】等命令完成边框、标题栏的绘制以及标题栏的填写,结果如图 11-14 所示。

选择设计树 中的【图纸1】并单击鼠标右键,从快捷菜单中选择【编辑图纸格式】命令,退出编辑图纸格式状态,进入到工程图环境。

**5. 保存**

单击【文件】→【保存图纸格式】按钮,弹出【保存图纸格式】对话框。输入文件为

| 标记 | 处数 | 分区 | 更改文件号 | 签名 | 年 月 日 | 阶 段 标 记 | 重量 | 比例 | |
|---|---|---|---|---|---|---|---|---|---|
| 设计 | | | 标准化 | | | | | 1:3 | |
| 校核 | | | 工艺 | | | | | | |
| 主管设计 | | | 审核 | | | | | | |
| | | | 批准 | | | 共1张　第1张 | 版本 | | 替代 |

图 11-14　标题栏

"A3.slddrt"，单击【保存】按钮，完成新的工程图图纸格式的设置。

## 任务二　生成主视图

项目十一　任务二

### 1. 进入工程图环境

调用新的工程图图纸，进入工程图环境。

### 2. 调出视图

单击【查看调色板】按钮 ▦，弹出【查看调色板】对话框，单击按钮 ▭，查找零件文件所在文件夹，打开零件文件，拖出主视图，在合适的区域单击放置；拖动鼠标往右下角45°方向移动，单击生成轴测图，单击鼠标右键确定。将轴测图拖动至合适的位置，如图11-15所示。

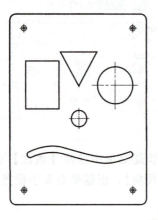
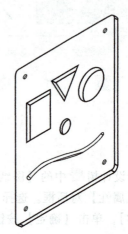

图 11-15　主视图和轴测图

## 任务三　生成剖视图

项目十一　任务三

### 1. 由主视图剖切生成右视图

创建剖视图的方法如下：

- 在菜单栏中单击【插入】→【工程图视图】→【剖面视图】。
- 单击【工程图】选项卡/工具栏中的【剖面视图】按钮 ↕。

在弹出的【剖面视图辅助】中的【切割线】选项组中单击竖直切割线按钮,如图 11-16 所示。为了更完整地表达视图,这里需要使用阶梯剖。将鼠标光标移至主视图右侧的沉孔处,单击左键,出现如图 11-17 所示对话框,选择左侧第二个按钮"单偏移",并绘制如图 11-17 所示切割线。单击【确定】按钮,弹出图 11-18 所示的【剖面视图 A-A】对话框,将字体设置为三号字。并将剖面视图拖至主视图右侧空白处。设置完成后,单击【确定】按钮,完成剖视图的创建。

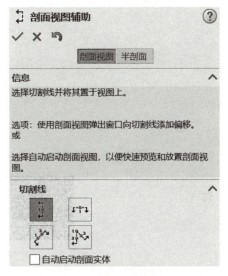
图 11-16 【剖面视图辅助】对话框

图 11-17 确定切割线位置

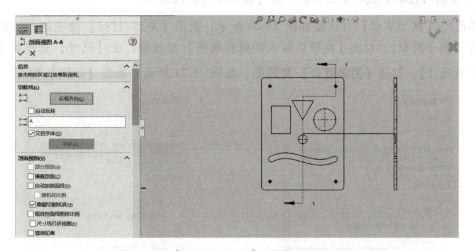
图 11-18 【剖面视图 A-A】对话框及剖面视图

### 2. 添加中心线

添加中心线的方法如下:

- 在菜单栏中单击【插入】→【注解】→【中心线】。
- 单击【注解】选项卡/工具栏中的【中心线】按钮。

单击需要生成中心线两侧的边线,生成一条中心线,在生成的右侧剖视图中添加如图 11-19 所示中心线。

图 11-19 中心线

## 任务四 尺寸标注

### 1. 插入模型尺寸

插入模型尺寸的方法如下:

项目十一 任务四

- 单击【注解】选项卡工具栏中的【模型项目】按钮。

弹出的【模型项目】对话框如图 11-20 所示,激活【来源/目标】选项组,设置【来源】为【整个模型】,勾选【将项目输入到所有视图】复选框;在【尺寸】选项组中,选择【所有尺寸】,勾选【消除重合】复选框,如图 11-21 所示。单击【确定】按钮✔,在

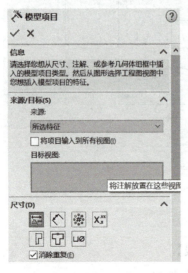

图 11-20 【模型项目】对话框

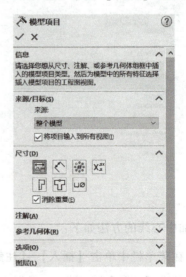

图 11-21 设置【模型项目】对话框

视图中插入尺寸,如图11-22所示。

### 2. 调整尺寸

直接插入的模型尺寸标注不清晰,需要进行重新调整位置及标注形式,按照尺寸标注的相关要求,对上述尺寸标注进行调整。

双击需要修改的尺寸,在【修改】对话框中输入新的尺寸,可修改尺寸值。在工程图中拖动尺寸文本,可以移动尺寸位置,调整到合适的位置;在拖动尺寸时按住<Shift>键,可以将尺寸标注从一个视图移动到另一个视图;在拖动尺寸时按住<Ctrl>键,可将尺寸标注从一个视图复制到另一个视图中。选择尺寸并单击鼠标右键,在快捷菜单中选择【显示选项】【显示成直径】命令可更改显示方式。选择需要删除的尺寸,按<Del>键即可删除指定尺寸;将带小数的尺寸圆整到个位。所标注尺寸调整完毕后如图11-23所示。

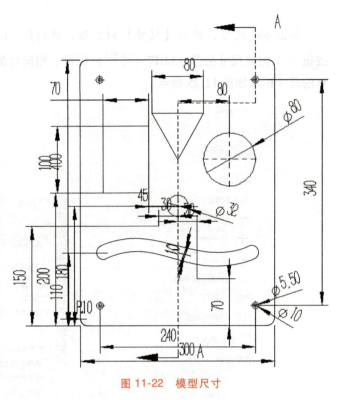

图 11-22 模型尺寸

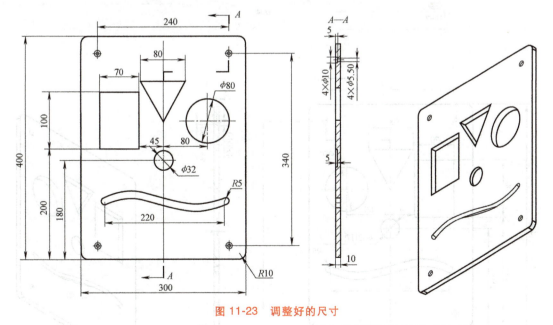

图 11-23 调整好的尺寸

### 3. 添加从动尺寸

在调整尺寸过程中,会删除一些标注不合理的尺寸,为了使标注更加清晰,可以单击【注解】→【智能尺寸】按钮进行标注,使尺寸完整。

**4. 标注尺寸公差**

单击 φ32 尺寸，弹出【尺寸】对话框，进行图 11-24 所示的参数设置，单击【确定】按钮 ✓。完成尺寸公差 φ32H7（$^{+0.016}_{0}$）标注。用同样的方法完成其他尺寸公差的标注，完整的尺寸标注如图 11-25 所示。

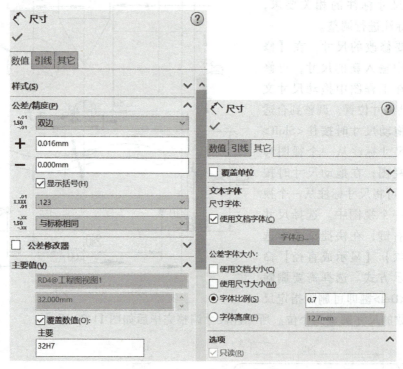

图 11-24 【尺寸】对话框

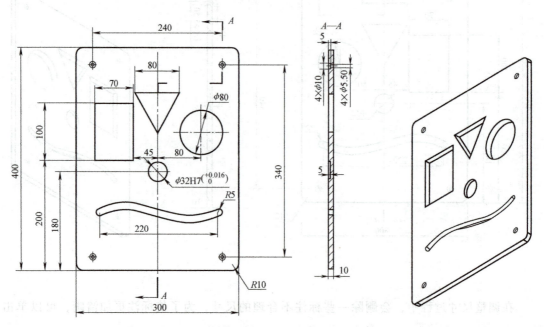

图 11-25 尺寸标注

## 任务五  技术要求的标注

### 1. 标注"技术要求"文本

单击【注解】工具栏上的【注解】按钮 A，指针在图纸区域适当位置选取文本输入范围，单击文本区域出现光标，输入所需文本，按<Enter>键换行，完成技术要求的标注。

### 2. 标注几何公差

标注几何公差的基准，单击【注解】工具栏中的【基准特征】按钮，弹出【基准特征】对话框，参数设置如图 11-26 所示，在基准所在位置单击放置基准，如图 11-27 所示。单击【注解】工具栏中的【形位公差】按钮，弹出【属性】对话框，参数设置如图 11-28 所示，此时鼠标光标后面为几何公差，在所需位置单击，确定几何公差的位置，如图 11-29 所示。按照此方法，完成零件图中所有几何公差的标注。

### 3. 标注表面粗糙度符号

单击【注解】工具栏中的【表面粗糙度符号】按钮，出现【表面粗糙度】对话框，参数设置如图 11-30 所示，鼠标光标后面跟着表面粗糙度的符号，在所需位置单击，完成表面粗糙度的标注。按照此方法，完成零件图中所有表面粗糙度的标注。

至此，完成了轨迹练习夹具工程图的生成，如图 11-31 所示。

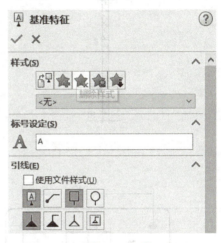

图 11-26  【基准特征】对话框

图 11-27  基准位置的确定

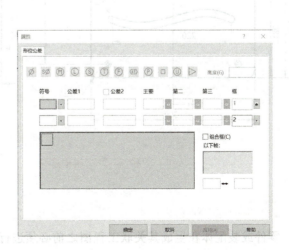

图 11-28  【属性】对话框

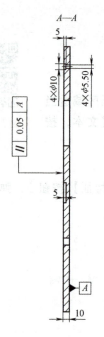

图 11-29 几何公差的位置

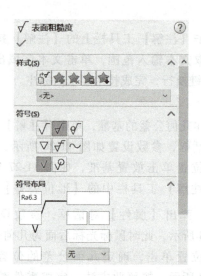

图 11-30 【表面粗糙度】对话框

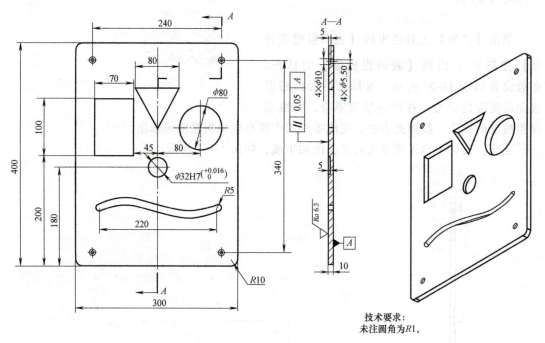

图 11-31 轨迹练习夹具工程图

### 现场经验

1) 零件或装配体在生成其关联工程图之前必须进行保存。
2) 若想在现有工程图文件中选择不同的图纸格式,在图形区域中单击右键,然后选择属性。

3）必须从选项、工程图中选取在添加新图纸时显示图纸格式对话框以便在添加图纸时设置图纸格式。

4）若想解除锁定视图、图纸或视图位置，单击鼠标右键，然后选择【解除视图锁焦】（或双击视图以外区域）、【解除图纸锁焦】（或双击图纸）或者【解除锁住视图位置】。

5）当指针光标经过工程视图的边界时，视图边界被高亮显示。边界根据默认设置套合在视图周围，不能手动调整其大小。如果添加草图实体到工程图中，边界将自动调整大小以包括这些项目。边界不会调整大小以包括尺寸或注解。视图边界和所包含的视图可以重叠。

## 项目拓展

### 一、投影视图编辑

#### 1. 投影视图

投影视图是从正交方向通过对现有视图投影生成的视图。生成投影视图的方法如下：

- 在菜单栏中单击【插入】→【工程视图】→【投影视图】按钮。
- 单击【工程图】选项卡/工具栏中的【投影视图】按钮。

#### 2. 解除对齐关系

选取俯视图为投影视图，向下拖动鼠标，如图 11-32 所示视图，选投影视图，单击鼠标右键，弹出快捷菜单，在快捷菜单中单击【视图对齐】→【解除对齐关系】按钮，将视图拖至合适位置。

#### 3. 旋转视图

选取投影视图，单击鼠标右键，弹出快捷菜单，在快捷菜单中单击【缩放/平移/旋转】→【旋转视图】按钮，弹出【旋转工程图】对话框，输入"-90"，旋转视图，如图 11-33 所示。根据投影关系对齐视图，选取投影视图，单击鼠标右键，弹出快捷菜单，在快捷菜单中单击【视图对齐】→【中心水平对齐】按钮，将主视图和局部视图按照投影关系对齐。

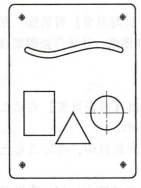

图 11-32　生成投影视图

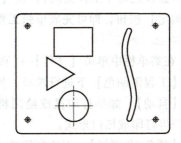

图 11-33　旋转、对齐后的视图

#### 4. 裁剪视图

裁剪视图的方法如下：

- 在菜单栏中单击【插入】→【工程视图】→【裁剪视图】按钮。
- 单击【工程图】选项卡/工具栏中的【裁剪视图】按钮 ![icon]。

选取图形进行裁剪，生成图 11-34 所示局部视图。

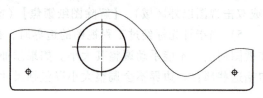

图 11-34　局部视图

## 二、辅助视图

辅助视图类似于投影视图，它的投射方向垂直于所选视图的参考边线。其创建方法如下：

- 在菜单栏中单击【插入】→【工程视图】→【辅助视图】按钮。
- 单击【工程图】选项卡/工具栏中的【辅助视图】按钮 ![icon]。

选择要生成辅助视图的工程图中的一条直线作为参考边线，参考边线可以是零件的边线、投影轮廓线、轴线或所绘制的直线。

系统会在与参考边线垂直的方向出现一个方框，表示辅助视图的大小，拖动这个方框到合适的位置，将辅助视图放置在工程图中。

## 三、局部视图

可以在工程图中生成一个局部视图，来放大显示视图中的某个部分。局部视图的创建方法如下：

- 在菜单栏中单击【插入】→【工程视图】→【局部视图】按钮。
- 单击【工程图】选项卡/工具栏的【局部视图】按钮 ![icon]。

## 四、打印工程图

### 1. 单张工程图图纸的设定

在菜单栏中单击【文件】→【页面设置】按钮，弹出【页面设置】对话框。在对话框中选择【单独设定每个工程图纸】，在【设定的对象】中选择图纸，针对每张图纸重新设置后单击【确定】按钮，即可完成单张工程图图纸的设定。

### 2. 彩色打印工程图

1) 在菜单栏中单击【文件】→【页面设置】按钮，弹出【页面设置】对话框。在对话框中的【工程图颜色】下进行选择，然后单击【确定】按钮。

①【自动】：如果打印机或绘图机驱动程序报告能够彩色打印，将发送彩色数据。否则，文档将打印成黑白形式。

②【颜色/灰度级】：不论打印机或绘图机驱动程序报告的能力如何，将发送彩色数据到打印机或绘图机。黑白打印机通常以灰度级或使用此选项抖动来打印彩色实体。当彩色打印机或绘图机使用自动设定以黑白打印时，使用此选项。

③【黑白】：不论打印机或绘图机的能力如何，将以黑白数据发送所有实体到打印机或

绘图机。

2）在菜单栏中单击【文件】→【打印】按钮。在对话框中的【文件打印机】中的【名称】中选择一个打印机。

3）单击【属性】按钮，检查是彩色打印所需的所有选项是否设置完成，然后单击【确定】按钮。

4）单击【确定】按钮，完成工程图打印。

## 练 习 题

请按照本项目所介绍的操作顺序自己试做一遍，体会作图顺序，回味工程图的建立及零件图中标注各种技术要求的过程。

# 项目十二　关节装配体工程图数字化设计

> 学习目标

1) 掌握在装配体的基础上生成装配体工程图的方法。
2) 熟悉添加及编辑零件明细栏、零件序号、材料明细栏的方法。

> 项目引入

本任务要求生成已完成的关节装配体的装配体工程图。关节装配体模型如图 12-1 所示。

> 项目分析

本任务要求利用前面学到的工程图的生成方法生成关节装配体的工程图，使用生成视图、添加零件序号和明细栏等命令完成关节装配体工程图的生成。

> 项目实施

本项目由创建装配图、标注尺寸、添加零件序号和明细栏等任务组成，具体的任务如下。

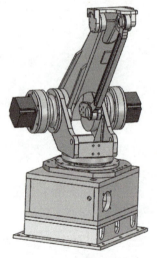

图 12-1　关节装配体模型

## 任务一　生成关节装配图

### 1. 新建文件并命名
新建一个工程图文件，使用 "A2_GB" 模板，图纸属性中的比例设置为 1∶20，命名为 "关节装配工程图"。

### 2. 调出视图
单击【视图调色板】按钮，在【视图调色板】对话框中调出装配体文件，如图 12-2 所示。拖出 "前视" 和 "左视" 图，如图 12-3 所示。

项目十二　任务一

图 12-2 【视图调色板】对话框

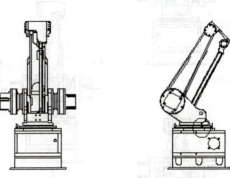

图 12-3 "前视"和"左视"图

### 3. 生成剖面视图

为了完整显示装配体零部件，选取"前视图"生成剖面视图。根据机械制图国家标准，将实心杆件如连杆伺服电动机等按不剖处理。在【剖面视图】对话框中的参数设置如图 12-4 所示；在出现的【视图 A-A】属性设置中，勾选【强调轮廓】，隐藏边线，显示中心线和轴线，生成的视图如图 12-5 所示。

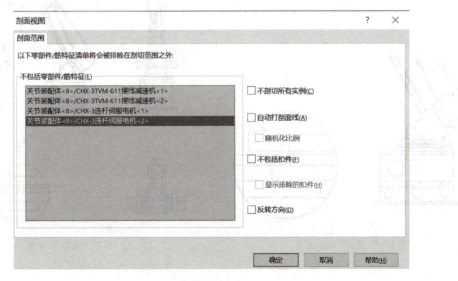

图 12-4 【剖面视图】对话框

同理生成剖面视图 B-B，如图 12-6 所示。

### 4. 生成局部视图

对连接件进行局部放大显示。单击【局部视图】按钮 ⓐ，弹出【局部视图】对话框，参数设置如图 12-7 所示。选取连接件螺栓位置，生成局部视图，如图 12-8 所示。

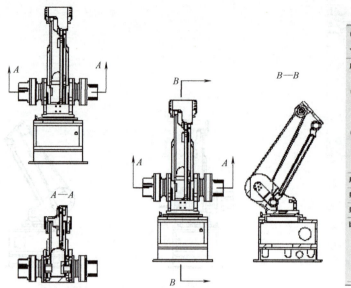

图 12-5　剖面视图 A—A　　　图 12-6　剖面视图 B—B　　　图 12-7　【局部视图】对话框

**5. 调整视图位置**

将图幅整理整洁、美观。调整后的视图如图 12-9 所示。

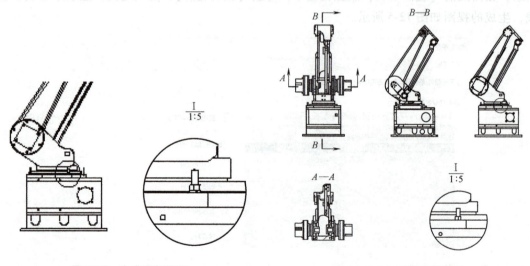

图 12-8　生成局部视图　　　　　　　　图 12-9　调整后视图

## 任务二　标注必要的尺寸

单击【注解】工具栏中的【智能尺寸】按钮，为装配体的工程图标注必要的尺寸，如图 12-10 所示。

项目十二　任务二

项目十二 关节装配体工程图数字化设计

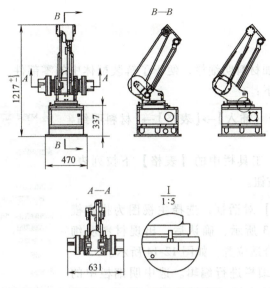

图 12-10 标注必要的装配尺寸

## 任务三 添加零件序号

给装配体工程图添加零件序号便于明细说明。添加零件序号方法如下：

- 在菜单栏中单击【插入】→【注解】→【自动零件序号】按钮。
- 单击【工程图】工具栏中的【自动零件序号】按钮。

弹出【自动零件序号】对话框，对其中的选项进行设置，如图 12-11 所示。然后，选择视图，插入零件序号，单击【确定】按钮，对细节进行调整，如图 12-12 所示。

图 12-11 【自动零件序号】对话框

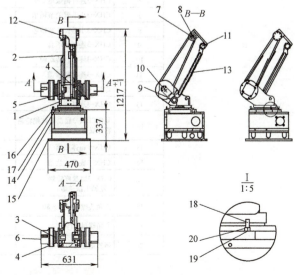

图 12-12 插入零件序号

187

## 任务四  添加材料明细栏

项目十二  任务四

给装配体工程图添加材料明细栏，便于了解装配体中的零部件。添加材料明细栏的方法如下：

- 在菜单栏中单击【插入】→【表格】→【材料明细表】按钮。
- 单击【工程图】工具栏中的【表格】下拉列表中的【材料明细表】按钮。

弹出【材料明细表】对话框，选择主视图为指定模型，参数设置如图 12-13 所示，确认后，出现材料明细栏，将鼠标光标定位至合适位置，如图 12-14 所示。

根据需要对材料明细栏进行编辑。选中明细栏中的"说明"选项，单击鼠标右键，选择"插入"列，出现【列类型】对话框，如图 12-15 所示。选择【TOOLBOX 属性】，编辑材料明细栏中连接件的标准特征，如图 12-16 所示。

调整后的"关节装配体"工程图如图 12-17 所示。

图 12-13  【材料明细表】对话框

| 项目号 | 零件号 | 说明 | 数量 |
|---|---|---|---|
| 1 | CHX-3驱动臂座 |  | 1 |
| 2 | CHX-3大手臂2 |  | 1 |
| 3 | CHX-3TVW-611摆线减速机 |  | 2 |
| 4 | CHX-3大手臂摆线减速机安装法兰 |  | 2 |
| 5 | CHX-3大手臂摆线减速机手臂安装法兰 |  | 1 |
| 6 | CHX-3连杆伺服电动机 |  | 2 |
| 7 | CHX-3小手臂关节轴承 |  | 2 |
| 8 | CHX-3小手臂关节轴芯 |  | 2 |
| 9 | CHX-3连杆轴承套 |  | 1 |
| 10 | CHX-3连杆轴传动轴 |  | 1 |
| 11 | CHX-3连杆轴承盖 |  | 1 |
| 12 | CHX-3小手臂座 |  | 1 |
| 13 | CHX-3连杆 |  | 1 |
| 14 | 复件CHX-3底盘旋转蜗轮箱箱体底座体装配 |  | 1 |
| 15 | CHX-3箱体底座 |  | 1 |
| 16 | CHX-3底盘法兰盖 |  | 1 |
| 17 | CHX-3底盘旋转蜗轮轴上法兰盖 |  | 1 |
| 18 | 六角头螺栓M10×80 |  | 2 |
| 19 | 六角螺母M10 |  | 2 |
| 20 | 弹簧垫圈M10×1.25 |  | 2 |

图 12-14  材料明细栏

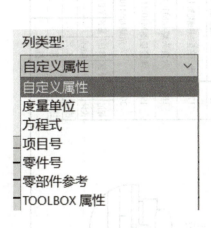

图 12-15 【列类型】属性管理器

| 项目号 | 零件号 | 说明 | 标准 | 数量 |
|---|---|---|---|---|
| 1 | CHX-3驱动臂座 | | | 1 |
| 2 | CHX-3大手臂2 | | | 1 |
| 3 | CHX-3TVM-611摆线减速机 | | | 2 |
| 4 | CHX-3大手臂摆线减速机安装法兰 | | | 2 |
| 5 | CHX-3大手臂摆线减速机手臂安装法兰 | | | 1 |
| 6 | CHX-3连杆伺服电动机 | | | 2 |
| 7 | CHX-3小手臂关节轴承 | | | 2 |
| 8 | CHX-3小手臂关节轴芯 | | | 2 |
| 9 | CHX-3连杆轴承套 | | | 1 |
| 10 | CHX-3连杆轴传动轴 | | | 1 |
| 11 | CHX-3连杆轴承盖 | | | 2 |
| 12 | CHX-3小手臂座 | | | 1 |
| 13 | CHX-3连杆 | | | 1 |
| 14 | 复件CHX-3底盘旋转蜗轮箱体底部座体装配 | | | 1 |
| 15 | CHX-3箱体底座 | | | 1 |
| 16 | CHX-3底盘法兰盖 | | | 1 |
| 17 | CHX-3底盘旋转蜗轮轴上法兰盖 | | | 1 |
| 18 | 六角头螺栓M10×80 | | GB/T 5782—2016 | 2 |
| 19 | 弹簧垫圈M10×1.25 | | GB/T 93—1987 | 2 |
| 20 | 六角螺母M10 | | GB/T 6176—2016 | 2 |

图 12-16 编辑材料明细栏

### 现场经验

1) 材料明细栏不支持以下单元格格式类型：单元格上色（颜色和图案）、边框、文字方位（文字角度）、文字换行。

2) 不要改变在材料明细栏默认列中名称框的单元格名称。可以改变列标题的文字，但不能改变单元格名称。

3) 若想更改与基于表格的材料明细栏关联的零件序号中的项目号，在材料明细栏"Property-Manager"中消除选择不更改项目号。若想在更改项目号后返回到装配体，单击按装配体顺序。若想更改与基于 Excel 的材料明细栏关联的零件序号中的项目号，必须消除材料明细栏属性对话框控制选项卡上的根据装配体顺序分配行号复选框。如果复选框已被选择（默认），将出现提示信息，说明项目号不能被更改。

4) 可将单个零部件移到工程图独自的图层中。在工程视图中右键单击零部件，选择零部件线型，然后从菜单中选择一图层。

5) 消除选择材料明细栏内容标签上的绿色复选框号将隐藏零部件，同时保留编号结构不变。

6) 如果在工程图中一次查看多个图样，在菜单栏中选择"窗口"命令，重建窗口，然后选择"平铺窗口"即可。用户可在每个窗口中选择不同的工程图图样。

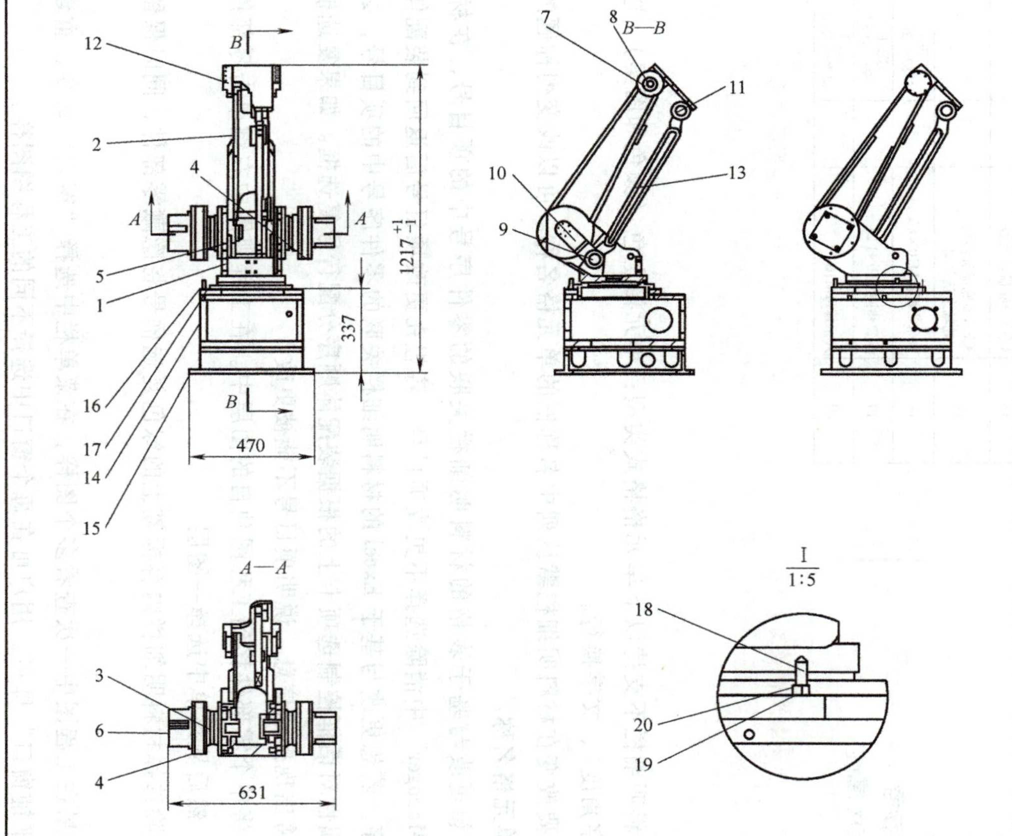

| 项目号 | 零件号 | 说明 | 标准 | 数量 |
|---|---|---|---|---|
| 1 | CHX-3驱动精座 | | | 1 |
| 2 | CHX-3大手臂 | | | 1 |
| 3 | CHX-3TVM-611摆线减速机 | | | 2 |
| 4 | CHX-3大手臂摆线减速机安装法兰 | | | 2 |
| 5 | CHX-3大手臂摆线减速机手臂安装法兰 | | | 1 |
| 6 | CHX-3连杆伺服电动机 | | | 2 |
| 7 | CHX-3小手臂关节轴承 | | | 1 |
| 8 | CHX-3小手臂关节轴芯 | | | 1 |
| 9 | CHX-3连杆轴承座 | | | 2 |
| 10 | CHX-3连杆传动轴 | | | 1 |
| 11 | CHX-3连杆轴承盖 | | | 1 |
| 12 | CHX-3小手臂座 | | | 1 |
| 13 | CHX-3连杆 | | | 1 |
| 14 | 复件CHX-3底盘旋转蜗轮蜗杆箱部蜗体装配 | | | 1 |
| 15 | CHX-3箱体底座 | | | 1 |
| 16 | CHX-3底盘法兰盖 | | | 1 |
| 17 | CHX3底盘旋转蜗轮轴上法兰盖 | | | 1 |
| 18 | 六角头螺栓M10×80 | | GB/T 5782—2016 | 2 |
| 19 | 弹簧垫圈M10×1.25 | | GB/T 93—1987 | 2 |
| 20 | 六角螺母M10 | | GB/T 6176—2016 | 2 |

图 12-17 关节装配体工程图

## 项目拓展

### 一、装配体工程图

装配体工程图的基本生成方法与零件工程图相似，在表达剖视图时，要确定零件是否进行剖切。根据需要隐藏部分边线，显示中心线和轴线。

### 二、零件序号

零件序号用于标记装配体中的零件，并将零件与材料明细栏中的序号相关联。在装配图的视图上可以插入各零件的序号，其顺序按照材料明细栏的序号顺序而定。

执行【自动零件序号】命令后，选取想在其中插入零件序号的工程图视图，在【自动零件序号】对话框中设定属性，拖动一零件序号可为所有零件序号增加或减小引线长度，单击【确定】按钮。此时零件序号会放在视图边界外，且引线不相交。

### 三、材料明细栏

工程图中的零件明细栏通过表格的形式罗列装配体中零部件的各种信息，它的格式可以根据相关标准进行设置和编辑。

执行【材料明细表】命令后，选择一工程图视图来指定模型，在材料明细栏"PropertyManager"中设定属性，在图形区域中单击来放置表格，然后单击【确定】按钮 。

### 四、为工程图设定打印线粗

单击菜单栏中的【文件】→【打印】按钮，出现【打印】对话框，如图 12-18 所示。单

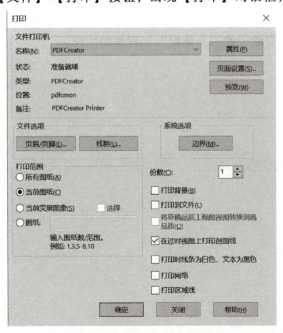

图 12-18 【打印】对话框

击【线粗】按钮，出现【文档属性—线粗】对话框，如图 12-19 所示。根据需要更改显示的打印线粗的默认值，单击两次【确定】按钮，完成打印线粗的设置。

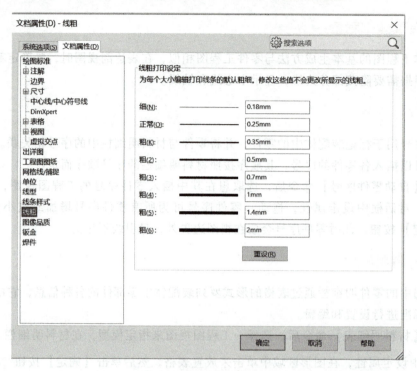

图 12-19　设置线粗

## 练 习 题

请使用随书素材，完成"铣刀头装配"工程图的生成。

## 参 考 文 献

[1] 罗广思,潘安霞. 使用SolidWorks软件的机械产品数字化设计项目教程[M]. 2版. 北京:高等教育出版社,2015.
[2] 王艳. SOLIDWORKS 2018中文版完全自学手册[M]. 2版. 北京:机械工业出版社,2018.
[3] 刘鸿莉. SolidWorks机械设计简明实用基础教程[M]. 北京:北京理工大学出版社,2017.
[4] 戴瑞华. SOLIDWORKS零件与装配体教程(2022版)[M]. 北京:机械工业出版社,2022.

# 参考文献

[1] 罗乔军,杨晓晋,何川. SolidWorks 非标准件三维建模下载与应用指南[M]. 2版. 北京: 机械工业出版社, 2015.

[2] 开朗. SOLIDWORKS 2018 中文版完全自学手册[M]. 2版. 北京: 机械工业出版社, 2018.

[3] 赵罘等. SolidWorks 机械设计实例精解教程[M]. 北京: 北京理工大学出版社, 2017.

[4] 曹岩等. SOLIDWORKS 机专基础应用教程 (2022版) [M]. 西安: 西北工业大学出版社, 2022.